絶対わかる 無機化学

齋藤勝裕 + 渡會 仁 著
Saito Katsuhiro　Watarai Hitoshi

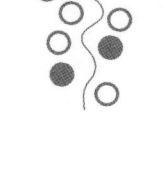

講談社サイエンティフィク

目　　次

はじめに　v

第 I 部　元素と性質　1

1 章　原子の構造 …………………………………… 2

- 1　原子の構造　2
- 2　原子の存在比　4
- 3　原子核の性質　6
- 4　原子の電子構造　10
- 5　軌道の形　14
- コラム：原子炉　8
- コラム：高速増殖炉　12

2 章　物理的性質の周期性 ……………………… 16

- 1　電子配置の周期性　16
- 2　遷移元素の電子配置　18
- 3　価電子と最外殻電子　22
- 4　周期性の表　24
- 5　イオン化エネルギーの周期性　26
- 6　電気陰性度の周期性　28
- 7　結合エネルギーの周期性　30
- 8　大きさの周期性　32

3 章　化学的性質の周期性 ……………………… 34

- 1　イオン価数　34
- 2　1 族元素（アルカリ金属）　36
- 3　2 族元素（アルカリ土類金属）　38
- 4　12 族元素　40
- 5　13 族元素（ホウ素族）　42
- 6　14 族元素（炭素族）　44
- 7　15 族元素（窒素族）　46
- 8　16 族元素（酸素族）　48
- 9　17 族元素（ハロゲン元素）　50
- 10　18 族元素（希ガス元素）　52
- 11　遷移元素　54

4 章　原子価 ………………………………………… 56

- 1　原子価　56
- 2　オクテット則（8 電子則）　58
- 3　オクテット則に従わない例　60
- 4　整数にならない原子価　62

- 5 主原子価と副原子価　*64*
- 6 超原子価　*66*

コラム：イノセント配位子　*64*
コラム：ヘリウム　*68*

第 II 部　結合と構造　*69*

5章　化学結合 …………………………………… *70*

- 1 イオン結合　*70*
- 2 共有結合　*72*
- 3 混成軌道　*76*
- 4 多重結合　*82*
- 5 分子軌道法　*84*
- 6 配位結合　*88*
- 7 金属結合　*88*

コラム：水素吸蔵金属　*80*
コラム：軌道エネルギーと結合距離　*86*

6章　無機分子の構造 …………………………… *90*

- 1 水素化物の構造　*90*
- 2 配位化合物の構造　*92*
- 3 酸素化合物の構造　*94*
- 4 d 軌道を用いた構造　*98*
- 5 特殊な構造　*100*

コラム：分子の形　*90*

7章　結晶の構造と性質 ………………………… *102*

- 1 物質の三態　*102*
- 2 格子構造　*104*
- 3 イオン結晶　*106*
- 4 共有結合性結晶　*106*
- 5 金属結晶　*108*
- 6 吸着性　*110*
- 7 伝導性　*112*
- 8 磁　性　*114*

コラム：液　晶　*102*

8章　錯体の構造 ………………………………… *116*

- 1 遷移元素の電子配置　*116*
- 2 混成軌道モデル　*118*
- 3 内軌道型と外軌道型　*120*
- 4 結晶場理論　*122*
- 5 エネルギー分裂　*124*
- 6 分光化学系列　*126*
- 7 分子軌道論モデル　*128*

コラム：メタンハイドレート　*116*

9章 錯体の性質 ………………………………………………… 130

- *1* 発色性　*130*
- *2* 配位子の効果　*134*
- *3* 磁　性　*136*
- *4* 反応活性　*138*
- *5* 反応速度　*140*
- *6* 軌道分裂エネルギー　*142*
- コラム：貴金属　*144*

第 III 部 反応性 *145*

10章 無機化合物の反応 ……………………………………… *146*

- *1* 沈殿を作る反応　*146*
- *2* 沈殿を溶かす反応　*148*
- *3* プロトン移動反応　*150*
- *4* 電子移動反応　*152*
- *5* 錯体の異性化反応　*154*

11章 酸化還元反応 …………………………………………… *156*

- *1* 酸化数　*156*
- *2* 酸化と還元　*158*
- *3* 酸化剤と還元剤　*160*
- *4* イオン化傾向　*162*
- *5* 電　池　*164*
- *6* 酸化還元のエネルギー　*166*

12章 酸と塩基 ………………………………………………… *168*

- *1* 定　義　*168*
- *2* HSAB 理論　*172*
- *3* 水素イオン指数　*174*
- *4* 酸，塩基の種類　*176*
- *5* 酸性酸化物と塩基性酸化物　*178*
- *6* 塩　*180*

索　引 ……………………………………………………………… *182*

はじめに

　学問に王道無しとは良く言われるとおりである．確かにその通りであろう．しかし，勉強にも王道は無いのだろうか？　道にぬかるみの道もカラー舗装の道もあるのと同様，勉強にももっと合理的な道があるのではないか．同じ努力をするにしても，もっと合理的な努力があるのではないか．本書「絶対わかるシリーズ」はこのような疑問を元に編集された，学部 1 年生から 3 年生向けのシリーズである．

　「絶対わかる」とは著者の側から言えば，「絶対わかってもらう」「絶対わからせる」という決意表明でもある．手に取ってもらえばおわかりのように，本書は右ページは説明図だけであり，左ページは説明文だけである．そして全ての項目について 2 ページ完結になっている．その 2 ページに目を通せば，その項目については完全に理解できる．説明図は工夫を凝らしたわかりやすいものである．説明文は簡潔を旨とした，これまたわかりやすいものである．

　説明は詳しくて丁寧であれば良いと言うものでは決してない．説明される人が理解できるのが良い説明なのである．聞いている人が理解できない説明は，少なくともその人にとっては何の価値もない．

　たとえ理解できる説明だとしても，断片的な知識の羅列では，知にはなっても知識にならない．結合を考えてみよう．イオン結合，二重結合，σ 結合，共有結合…と沢山の種類がある．これら個々の知識はもちろん大切である．しかし，それだけでは結合の全体像がつかめない．各結合の相対的な関係がわかって初めて結合と言う物の正しい認識が得られる．大切なのは知識の体系化である．

	種類			例
結合	イオン結合			NaCl
	共有結合	σ 結合	一重結合	H_3C-CH_3
		π 結合	二重結合	$H_2C=CH_2$
			三重結合	$HC\equiv CH$
	○×結合			

　上の表が頭に入っているか否かで結合の認識はかなり変わる．そしてこのよ

うな事は，文章による説明よりも図表によって示された方がはるかにわかりやすい．

　この例は本書のほんの一例である．

　本シリーズを読んだ読者はまず，わかりやすさにびっくりすると思う．そして化学はこんなに単純で，こんなに明快なものだったかとびっくりするのではないだろうか．その通りである．学問の神髄は単純で明快である．ただ，科学では，特に化学では自然現象を研究対象とする．そこには例外が常に存在する．この例外に目を奪われると学問は途端に複雑怪奇曖昧模糊なものに変貌する．研究を志す者は何時かはこのような魑魅魍魎に立ち向かわなければならない．

　著者が強調したいのは，そのためにも若い読者の年代においては単純明快な理論体系をしっかりと身につけてもらいたいということである．魑魅魍魎に魅了されるのはその後でなければならない．

　本シリーズで育った若い諸君の中から，何時の日か，日本の，いや，世界の化学をリードする研究者が育ってくれたら筆者望外の幸せである．

　浅学非才の身で，思いばかり先走る結果，思わぬ誤解，誤謬があるのではないかと心配している．お気づきの点など，どうぞご指摘頂けたら大変有り難いことと存じる次第である．最後に，本シリーズ刊行に当たり，お世話を頂いた講談社サイエンティフィク，沢田静雄氏に深く感謝申し上げる．

　平成15年8月

齋藤勝裕

　参考にさせていただいた書名を上げ，感謝申し上げる．
P.A.Atkinns（千原秀昭，中村亘男訳），アトキンス物理化学，東京化学同人 (1979)
坪村宏，新物理化学，化学同人 (1994)
関一彦，物理化学，岩波書店 (1997)
齋藤太郎，無機化学，岩波書店 (1996)
中原昭次，小森田精子，中尾安男，鈴木晋一郎，無機化学序説，化学同人 (1985)
F.A.Cotton, G.Wilkinson, P.L.Gauss（中原勝儼訳），基礎無機化学，培風館 (1979)
一國雅巳，基礎無機化学，裳華房 (1996)
名古屋工業大学化学教室編，基礎教養化学，学術図書出版社 (1979)
水町邦彦，福田豊，プログラム学習錯体化学，講談社 (1991)
伊藤公一編，分子磁性，学会出版センター (1996)
D.M.P.Mingos（久司佳彦訳），無機化学基礎の基礎，化学同人 (1996)
舟橋重信，無機溶液反応の化学，裳華房 (1998)

第Ⅰ部 元素と性質

1章 原子の構造

　無機化学が扱う原子の種類は多い．地球上の自然界に存在する水素原子からウラン原子までの 92 種類の原子に加えて，原子炉内で人工的に作られた超ウラン元素と呼ばれる原子番号 93 番以上の原子まで，すべてが無機化学の守備範囲に入ってくる．

第1節 原子の構造

　化学は基本的に物質を扱う学問であり，物質はヘリウムやネオンなどの少数の例外を除けば分子からできており，そしてすべての分子，すべての物質は原子から構成される．

1 原子構造

　原子は原子核とその周りに存在する電子とからできている．原子の直径はおおよそ 0.1 nm の桁である．原子核はさらに小さく，その直径はおおよそ原子直径の 1 万分の 1 である．これは原子核の直径を 1 cm とすると原子の直径は 1 万 cm すなわち 100 m になることを意味する．

　図 1-1 に示したように，電子は原子核の周りにある球殻状の殻に収容されると考えられている．殻には原子核に近いものから順に K，L，M，N …と記号が付けられ，それぞれ収容しうる電子の個数が定められている．**最も外側の殻を最外殻と呼び，そこに収容されている電子を最外殻電子と呼ぶ**．

2 原子を構成する粒子

　原子核は最終的な粒子ではなく，さらに小さい粒子からできている．それは**陽子**と**中性子**である．したがって原子は電子，陽子，中性子の 3 種類の粒子から構成されることになる．粒子の性質を表 1-1 にまとめた．

　電子は -1 の電荷を持つが質量は非常に小さく，陽子，中性子に比べて約 2 千分の 1 程度である．陽子と中性子はほぼ同程度の質量であり，陽子が $+1$ の電荷を持つのに対して中性子は電気的に中性である．**原子核に含まれる陽子の数は原子番号に一致する．陽子数と中性子数の和を質量数という**．

原子の構造

原子構造

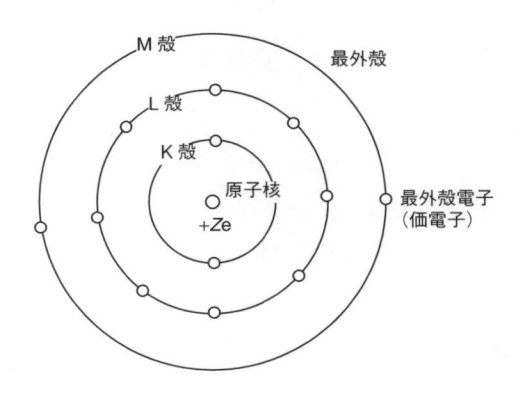

図 1-1

原子を構成する粒子

	名称		記号	電荷	質量 (kg)
原子	電子		e	−1	9.1091×10^{-31}
	原子核	陽子	p	+1	1.6726×10^{-27}
		中性子	n	0	1.6749×10^{-27}

表 1-1

第2節 原子の存在比

120億年前のビッグバンで飛び散った根元物質のかけらは，宇宙をさまよいながら離合集散を繰り返し，原子を作り，星を作り，ブラックホールを作った．どのような原子がどのような割合で存在するのかを見てみよう．

1 元素記号

各元素には図1-2のような**元素記号**が割りふられている．例えば，$^{12}_{6}C$ なら，元素記号 C から炭素原子であることがわかり，原子番号の 6 から原子核に含まれる陽子数がわかり，そして質量数から中性子数（12 − 6 = 6）がわかる．

2 同位体

原子番号が同じでありながら，質量数が異なる原子を互いに同位体と呼ぶ．いくつかの例を表1-2に示した．水素には質量数 1，2，3 の 3 種の同位体が知られており，それぞれプロチウム（（軽）水素），ジュウテリウム（重水素），トリチウム（三重水素）と呼ばれる．違いは原子核に含まれる中性子の数である．質量の比もほぼ 1：2：3 になっている．

多くの元素ではある特定の同位体が圧倒的に多く存在しているが，塩素ではほぼ 1：3 の比になっている．

3 元素の存在比

図1-3は太陽系における各種元素の存在比を示したものである．ケイ素原子を 10^6 として示してある．水素，ヘリウムが圧倒的に多いことがわかる．また，原子番号が大きくなるとそれに伴って指数関数的に減少するが，鉄，ニッケルは例外的に多く，リチウム，ベリリウム，ホウ素は少ない．原子番号の偶数奇数で存在比が変わり，偶数番号元素の存在比が大きくなっている．これはオッド-ハーキンズの法則といわれ，原子核の安定性に基づくものと解釈されている．

図1-4は地球の地殻における元素の存在比である．地殻での存在比は太陽系での存在比から水素，希ガスなどの揮発性元素を除いたものと類似している．金属元素の銅や亜鉛は存在比が少ないのに大量に使用されている．これは鉱床の形でまとまって産出するため，利用しやすいことが関係している．

元素記号

$^{A}_{Z}W$

W：元素記号
Z：原子番号（陽子数）
A：質量数（陽子数＋中性子数）

図 1-2

同位体

元素名	水素			炭素		酸素		塩素		ウラン	
記号	^{1}H (H)	^{2}H (D)	^{3}H (T)	^{12}C	^{13}C	^{16}O	^{18}O	^{35}Cl	^{37}Cl	^{235}U	^{238}U
陽子数	1	1	1	6	6	8	8	17	17	92	92
中性子数	0	1	2	6	7	8	10	18	20	143	146
存在比%	99.98	0.015		98.89	1.11	99.76	0.20	75.53	24.47	0.72	99.28

表 1-2

元素の存在比

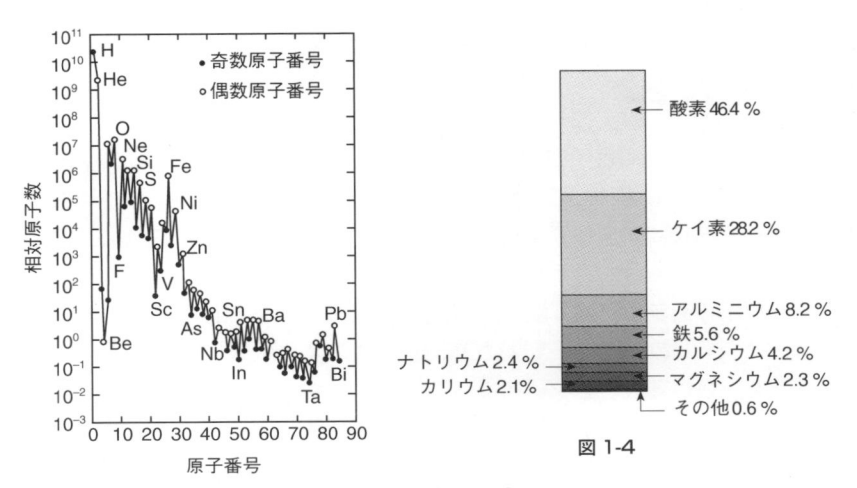

[一國雅巳, 基礎無機化学, p.10, 図 1.3, 裳華房 (1996)]

図 1-3

図 1-4

第 2 節◆原子の存在比

第3節 原子核の性質

原子核は核分裂によって原子爆弾や原子炉のエネルギーを放出し，また核融合によって水素爆弾や太陽のエネルギーを放出する．また，別の原子核に変化することもあり，多様な性質を持つ．

1 原子核反応

原子や分子が反応するのと同様に原子核も反応する．原子核の反応を特に**原子核反応**という．図 1-5 にいくつかの例を示した．

α崩壊は原子核がヘリウム原子核を放出する反応であり，放出されたヘリウム原子核を特にα線という．α崩壊した原子はヘリウム原子核の分だけ，すなわち 2 個の陽子と 2 個の中性子を失うことになるので，原子番号，質量数がそれぞれ 2，4 だけ減少することになる．

β崩壊は原子核が電子を放出する反応である．電子は中性子が陽子と電子に分裂することによって供給される．したがってβ崩壊した原子核では陽子が 1 個増加することになる．これは原子番号が 1 だけ増加することを意味する．

原子核と原子核が反応することもある．図に核反応として示した例を見ればわかるように，反応に伴って原子番号と質量数は保存されている．

2 原子核エネルギー

原子核には陽子と中性子を結合させる引力が存在する．これを核の結合エネルギーという．図 1-6 に示したように小さい原子核も大きい原子核も高エネルギーを含んでおり，安定な原子核は質量数で 60 付近であり，これには鉄などが該当する．

大きい原子核を壊して質量数 60 くらいの原子核にすればその分のエネルギーが放出されるはずであり，これが**核分裂**のエネルギー源である．反対に小さな原子核を融合して大きな原子核にしてもエネルギーは放出されることになる．これを**核融合**という．太陽では水素原子核が融合してヘリウム原子核となり，そのエネルギーによって輝いている．この反応を人工的に行って平和的に利用しようとの試みは，幾多の困難を乗り越えながら継続中の人類の夢のプロジェクトである．

原子核反応

α崩壊

$$^{A}_{Z}W \longrightarrow ^{A-4}_{Z-2}X + ^{4}_{2}He \quad (\alpha \text{線})$$

$$^{238}_{92}U \xrightarrow{4.5 \times 10^9 y} ^{234}_{90}Th + ^{4}_{2}He$$

$$^{224}_{88}Ra \xrightarrow{3.6d} ^{220}_{86}Rn + ^{4}_{2}He$$

β崩壊

$$^{A}_{Z}W \longrightarrow ^{A}_{Z+1}Y + ^{0}_{-1}e^{-1} \quad (\beta \text{線})$$

$$^{234}_{91}Pa \longrightarrow ^{234}_{92}U + e^{-1}$$

$$^{212}_{83}Bi \longrightarrow ^{212}_{84}Po + e^{-1}$$

核反応

$$^{14}_{7}N + ^{4}_{2}He \longrightarrow ^{17}_{8}O + ^{1}_{1}H$$

$$^{32}_{16}S + ^{1}_{0}n \longrightarrow ^{29}_{14}Si + ^{4}_{2}He$$

原子核も変化するんデスヨ

図 1-5

原子核エネルギー

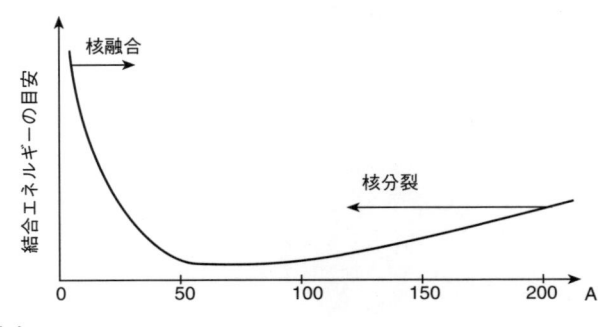

(結合エネルギーの目安 vs A のグラフ：核融合←→核分裂)

核融合

$$^{3}_{1}H + ^{2}_{1}H \longrightarrow ^{4}_{2}He + ^{1}_{0}n$$

核分裂

$$^{235}U + ^{1}_{0}n \longrightarrow ^{142}_{54}Xe + ^{92}_{38}Sr + 2^{1}_{0}n$$

図 1-6

第 3 節 ◆ 原子核の性質

column 原子炉

原子炉は原子核分裂のエネルギーを利用して発電する装置である．原子炉には重要な構成要素が三つある．

1 燃料棒

原子炉で核分裂を起こす元素はウラン U であるが，その中でも ^{235}U だけが核分裂を起こす．^{235}U は天然のウラン中に 0.7 % しか含まれない．燃料とするためには ^{235}U の濃度を 5 % 程度に高める必要がある．これを濃縮といい，このウランを用いて燃料棒を作る．

^{235}U に中性子が衝突すると原子核は分裂し，種々の小さい原子核（核分裂生成物）と膨大なエネルギーを生み出す．このとき同時に中性子も放出する．この中性子が別の ^{235}U 核に衝突して分裂を起こさせる．というぐあいに反応が進行するとねずみ算式に膨れ上がり，爆発に至る．これが原子爆弾である．

2 制御棒

もし，^{235}U の分裂によって生じる中性子が 1 個だったらどうなるだろうか．反応は爆発には至らず，同じスケールで進行し続けることになる．これを定常燃焼といい，原子炉の条件である．そのためには分裂で生じた余分の中性子を吸収するものを置けばよい．これを制御棒という．原子炉の最重要部分である．

3 減速剤

中性子はどんな中性子でも ^{235}U を分裂させるわけではない．飛行速度の速い中性子は原子を素通りし，原子核に衝突する確率が少ない．そのため，中性子の速度を落としてやる必要がある．これを減速剤という．中性子を減速するには同じ程度の質量の原子核に衝突させる以外ない．それには水の水素原子が打ってつけである．このように水を減速剤として用いた原子炉が軽水炉である．

以上を組み合わせたものが原子炉であり，図はおそろしいほど単純化した原子炉の模式図である．燃料棒の間にある制御棒を引き抜けば，中性子は吸収されなくなり，原子炉は激しく反応する．反対に制御棒を入れてやれば中性子数は減少し，反応は停止する．

原子炉で発生した熱は減速剤を兼ねた冷却水によって外部に運ばれる．原子炉の中を回る一次冷却水は放射能を帯びているので，環境を汚さないように，二次冷却水に熱を伝えて発電機を回す．

核分裂

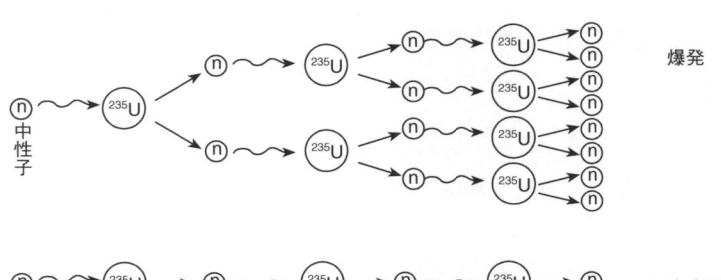

爆発

定常燃焼

燃料棒　中性子吸収剤（制御棒）　吸収

[齋藤勝裕, 反応速度論, p.86, 図 6, 三共出版 (1998)]

原子炉

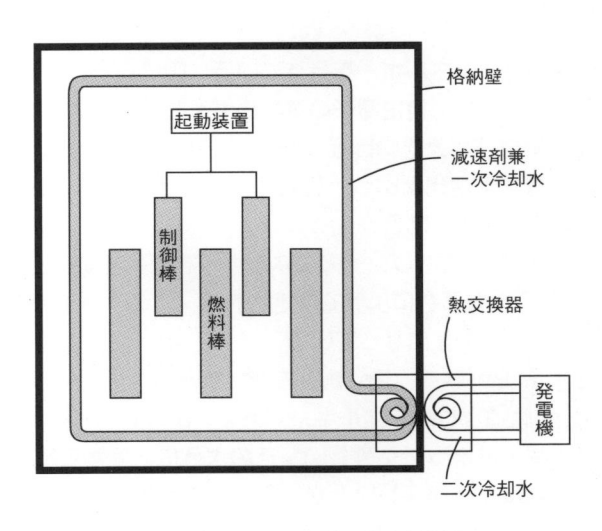

格納壁
減速剤兼一次冷却水
起動装置
制御棒
燃料棒
熱交換器
発電機
二次冷却水

[齋藤勝裕, 反応速度論, p.88, 図 7, 三共出版 (1998)]

第 3 節◆原子核の性質

第4節 原子の電子構造

第 1 節で原子を構成する電子は殻に収容されることを見た．しかし，もっと詳しく研究すると殻はいくつかの軌道からできていることがわかる．

1 軌道の種類

原子の世界ではエネルギーなどすべての量が不連続となり，**とびとびの値しかとれないことになる．これを量子化といい，その値は量子数によって決定される**．殻の性質も量子数によって決定され，K 殻を決定する量子数は 1 であり，L 殻は量子数 2 によって決定される．各殻に存在する軌道の種類と本数は表 1-3 に示したとおりである．

K 殻には 1 本の 1s 軌道があるだけであるが L 殻には 1 本の 2s 軌道と 3 本の 2p 軌道，計 4 本の軌道が存在する．M 殻では 3s 軌道，3p 軌道のほかに 5 本の 3d 軌道が加わり，計 9 本の軌道が存在することになる．

各軌道には電子が 2 個ずつ入ることができ，したがって，各殻の収容できる電子数は軌道の数の 2 倍であり，これは量子数を n とすると $2n^2$ となっている．

2 軌道エネルギー

各殻と軌道は固有のエネルギーを持っている．図 1-7 に示したようにエネルギーは，原子に所属しない**自由電子のエネルギーを 0 としてマイナスの側に計る**．マイナスで絶対値が大きいほど，要するに下へ行くほど低エネルギーであり，化学ではこれを安定化という．反対に上へ行けば高エネルギー化したことになり，これを不安定化という．

最も安定な殻は K 殻であり，そのエネルギーを E_K とすると，ほかの殻のエネルギーは E_K/n^2 と量子数によって決定される．このように殻のエネルギーは量子化されてとびとびの値になっている．

L 殻に存在する 2s 軌道，2p 軌道の持つ軌道エネルギーも量子化されており，p 軌道は s 軌道より高エネルギーである．p 軌道は 3 本存在するが，3 本の軌道エネルギーはまったく等しい．このように，**異なる軌道であるにもかかわらず軌道エネルギーが等しいとき，これらの軌道は互いに縮重しているという**．p 軌道は 3 本が縮重しているので三重縮重，d 軌道は 5 本なので五重縮重という．

軌道の種類

殻名	量子数	軌道名	軌道	定数	
N	4	4f	○○○○○○○	14	32
		4d	○○○○○	10	
		4p	○○○	6	
		4s	○	2	
M	3	3d	○○○○○	10	18
		3p	○○○	6	
		3s	○	2	
L	2	2p	○○○	6	8
		2s	○	2	
K	1	1s	○	2	2

表 1-3

軌道エネルギー

エネルギー準位	殻	軌道	縮重
0			
$E_k/16$	N ($n=4$)	4f	七重縮重
		4d	五重縮重
		4p	三重縮重
		4s	
$E_k/9$	M ($n=3$)	3d	五重縮重
		3p	三重縮重
		3s	
$E_k/4$	L ($n=2$)	2p	三重縮重
		2s	
E_k	K ($n=1$)	1s	

エネルギーは量子化されてイマース

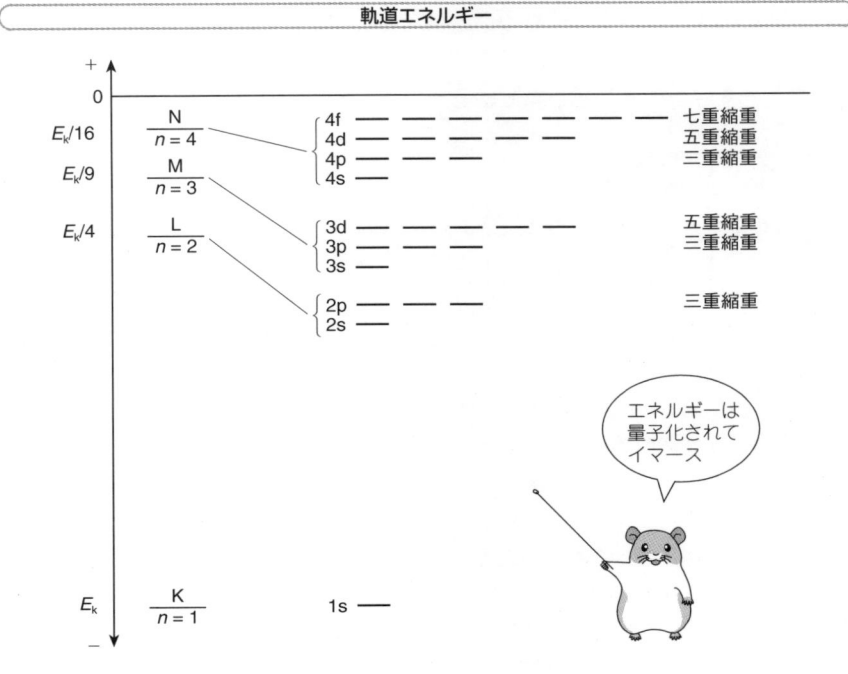

図 1-7

第4節◆原子の電子構造

3 軌道の大きさ

　軌道の大きさを測る尺度に軌道半径というものがある．次節で見るように，電子の軌道はかなりユニークな形をしているので，コンパスで書いた円のように，明確な半径は定めにくいが，軌道のおおよその大きさの目安にはなる．

　ここでは，s軌道とかp軌道とかの半径ではなく，それらをまとめた殻，K殻，L殻などの半径について見てみよう．量子論によれば，この半径も量子数 n に支配されることになる．**水素原子で考えれば半径は量子数の二乗に比例する**．K殻（$n=1$）の半径を r とすればL殻（$n=2$）の半径は $4r$，M殻（$n=3$）は $9r$ ということになる．

　しかし，実際にL殻に電子の入るリチウムでは原子核の電荷は＋3になっている．そのため，リチウムの電子は水素に比べてうんと強く原子核に引き寄せられているから，水素のK殻とリチウムのL殻の大きさにはそれほどの違いはない．しかし，同じ原子で比べれば，K, L, Mと量子数が大きくなるにつれて軌道の大きさは大きくなることになる．

　なお，s, p, d軌道について触れておくと，同じ殻にあるなら，s < p < d の順に大きくなることが知られている．

column 高速増殖炉

　先のコラムで天然ウランの99.3％を占める ^{238}U は原子炉の燃料とはならないことを見た．ところが ^{238}U は高速中性子と反応すると ^{239}Pu となる．プルトニウム Pu は天然界にはない元素であり，原子炉の中で人工的に作られた元素である．このような元素を超ウラン元素という．Pu は原子炉の燃料として使える元素であり，核分裂すると高速中性子を発生する．

　Pu を ^{238}U で包んで原子炉で燃やしたらどうなるだろう．Pu は反応して高速中性子を発生する．その中性子を ^{238}U が吸収して Pu となる．なんと，燃料にならない ^{238}U が燃料の Pu に変わっているではないか．燃料の Pu が燃えると新たな燃料 Pu が生産される．これは燃料の再生産である．

　これが高速増殖炉の原理である．"高速"は高速中性子を用いるという意味である．高速増殖炉はウラン埋蔵量の少ないわが国にとっては夢の原子力発電であろう．しかし，冷却剤として水を用いると中性子が低速化するため，冷却剤にナトリウムという危険な金属を用いなければならないという問題がある．

軌道の大きさ

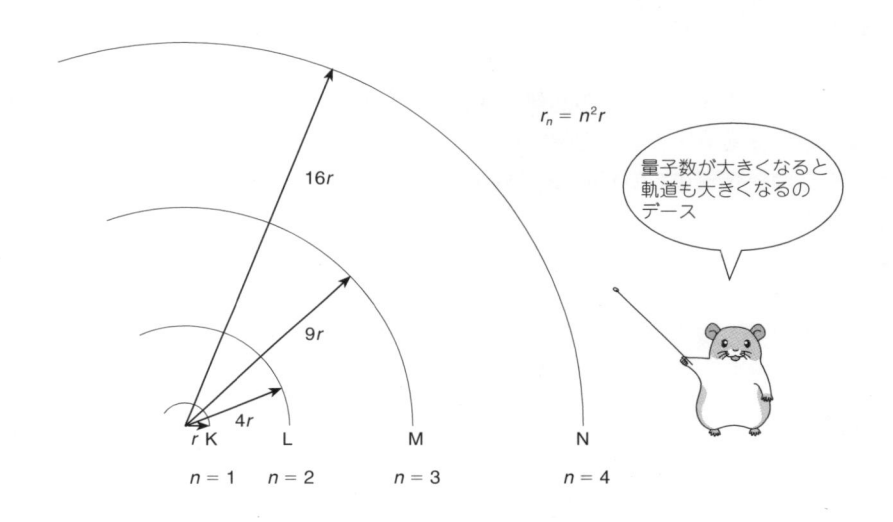

$$r_n = n^2 r$$

16r
9r
4r
r K L M N
n = 1 n = 2 n = 3 n = 4

量子数が大きくなると軌道も大きくなるのデース

図 1-8

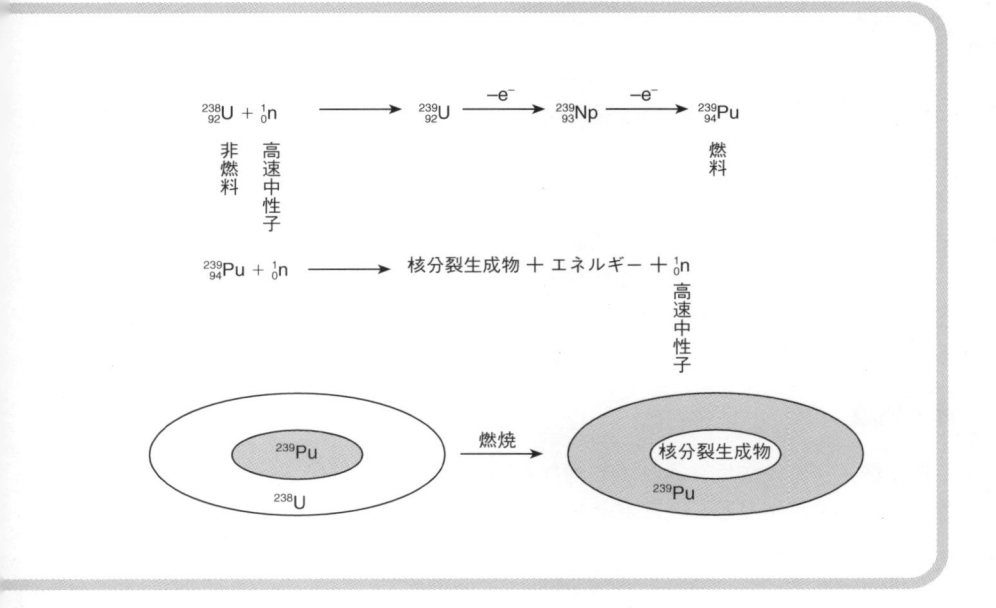

$$^{238}_{92}\text{U} + {}^{1}_{0}\text{n} \longrightarrow {}^{239}_{92}\text{U} \xrightarrow{-e^-} {}^{239}_{93}\text{Np} \xrightarrow{-e^-} {}^{239}_{94}\text{Pu}$$

非燃料　　高速中性子　　　　　　　　　　　　　　　　　　　燃料

$$^{239}_{94}\text{Pu} + {}^{1}_{0}\text{n} \longrightarrow 核分裂生成物 + エネルギー + {}^{1}_{0}\text{n}$$

高速中性子

^{239}Pu
^{238}U
→ 燃焼 →
核分裂生成物
^{239}Pu

第4節◆原子の電子構造

第5節 軌道の形

軌道は軌道関数と呼ばれる関数（数式）で表現される．関数を二乗したものは電子の存在確率を表すと理解される．すなわちある位置に電子がいる確率がどれくらいかを表すものである．確率がある値以上の場所を輪郭で示したものを軌道の形と考える．

1 s 軌道

図 1-9D は 1s 軌道の形である．中空の球である．バレーボールの皮の部分が電子雲に相当する．2s，3s 軌道も似た構造である．

2 p 軌道

図 C は 2p 軌道である．ボディービルで使うダンベル，鉄亜鈴の形であるといわれる．3 本の p 軌道は形はまったく等しいが方向が異なっている．すなわち**各軌道は x, y, z の直交座標の軸方向を向いている**．x 軸方向を向く軌道を p_x 軌道といい，y 軸，z 軸方向を向くものをそれぞれ p_y，p_z 軌道という．

3 d 軌道

図 B は 3d 軌道である．全部で 5 本ある．そのうち 2 本は座標軸上に軌道が存在する．$d_{x^2-y^2}$ と d_{z^2} である．前者は x 軸と y 軸上に軌道成分があるが，z 軸上にはない．後者は主に z 軸上に成分を持つが，x，y 軸上にもわずかながらドーナツ状の成分が存在する．ほかの 3 本，d_{xy}，d_{yz}，d_{zx} 軌道はそれぞれ xy 平面，yz 平面，zx 平面上に軌道の成分を持っている．

無機化学が有機化学と異なる点の一つは d 軌道にある．有機化合物はほとんどの場合 s 軌道と p 軌道からなる．それに対して無機化合物は d 軌道を用いるものがあり，特に遷移元素の作る錯体では d 軌道が活躍する．

4 f 軌道

量子数 4 の N 殻になると f 軌道が登場する．f 軌道は図 A に示したようにかなり複雑な形をすることになる．ランタノイド元素，アクチノイド元素では f 軌道が反応性に関与してくる．

軌道の形

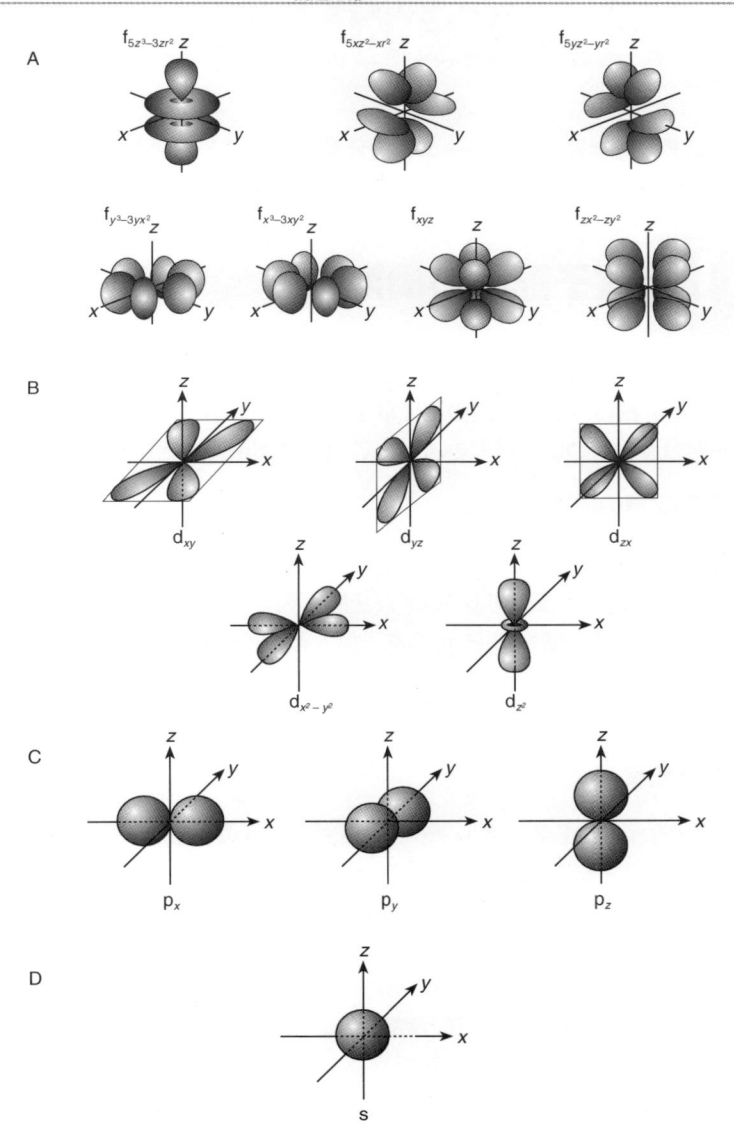

[B,C,D：大野公一, 量子化学, p.75, 図 2.3, 岩波書店 (1996)]

図 1-9

2章 物理的性質の周期性

ロシアの化学者メンデレーエフが元素の周期性を発見し，それを基に元素を表にまとめた周期表を発表したのは1869年のことであった．

第1節 電子配置の周期性

図 2-1 のように電子がどの軌道に収容されたかを表したものを電子配置という．電子配置は原子の性質の基になるものである．まず，周期表の第1から第3周期の原子について見てみよう．これらは**典型元素**といわれるものである．

1 電子配置の原理

電子が軌道に入るにはいくつかの原理に従う必要がある．
原理1　エネルギーの低い軌道から順に入る．
原理2　1本の軌道に2個の電子が入るときにはスピン方向を逆にする．
原理3　1本の軌道には最大で2個の電子しか入れない．
原理4　スピンの向きは同じ方向にそろえたほうが安定である．

2 電子配置

水素の電子は最も低エネルギーな1s軌道に入る（原理1）．ヘリウムの2個目の電子は1s軌道にスピンの向き（矢印）を逆にして入る（原理2）．これでK殻は満杯になる．**殻が満杯になった状態を閉殻構造といい，安定な構造である．**

リチウムの3個目の電子は1s軌道が満杯なので2s軌道に入る（原理1，3）．L殻はK殻に比べて外側にあるので外殻と呼ばれる．**電子が入っている殻のうち最も外側の殻を最外殻と呼ぶ．**以下，同様の原理に従ってベリリウムの4番目の電子は2sに，ホウ素の5番目の電子は2pに入ることになる．

炭素の6番目の電子には原理4が適用される．すなわち，1本のp軌道に2個の電子が入ったらスピンの向きを逆にしなければならない．そこで別のp軌道に入ってスピン方向をそろえる．窒素も同様である．このようにしてネオンまで行くとL殻が満杯となり，再び閉殻構造となる．

まったく同様にして第3周期の原子の電子配置が決定される．

物理的性質の周期性

	ハム族	ケロ族	タヌ族	ワン族	ニャオ族
1					
2					
3					
特色	顔と胴体の区別がない 何も考えない	ヘソがない 親と子で構造が異なる	葉ッパが有ると化ける 八畳敷きである	なめる かむ 人（犬？）がよい	ヒッカく 何を考えてるのかわからない

電子配置

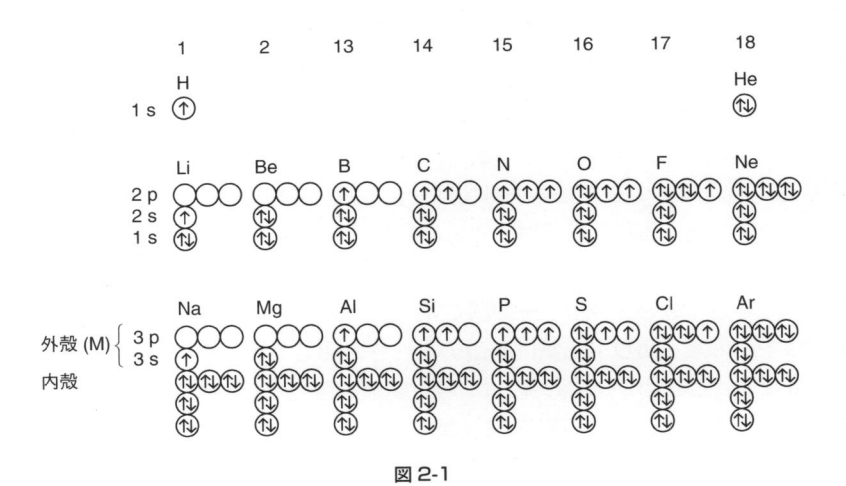

	1	2	13	14	15	16	17	18
	H							He
1s	↑							↑↓

	Li	Be	B	C	N	O	F	Ne
2p	○○○	○○○	↑○○	↑↑○	↑↑↑	↑↓↑↑	↑↓↑↓↑	↑↓↑↓↑↓
2s	↑	↑↓	↑↓	↑↓	↑↓	↑↓	↑↓	↑↓
1s	↑↓	↑↓	↑↓	↑↓	↑↓	↑↓	↑↓	↑↓

		Na	Mg	Al	Si	P	S	Cl	Ar
外殻(M)	3p	○○○	○○○	↑○○	↑↑○	↑↑↑	↑↓↑↑	↑↓↑↓↑	↑↓↑↓↑↓
	3s	↑	↑↓	↑↓	↑↓	↑↓	↑↓	↑↓	↑↓
内殻		↑↓	↑↓	↑↓	↑↓	↑↓	↑↓	↑↓	↑↓
		↑↓	↑↓	↑↓	↑↓	↑↓	↑↓	↑↓	↑↓
		↑↓	↑↓	↑↓	↑↓	↑↓	↑↓	↑↓	↑↓

図 2-1

第2節 遷移元素の電子配置

周期表の第3族から第11族の元素を遷移元素という．遷移元素の電子配置には d, f 軌道が関与してくる．

1 原子番号と軌道エネルギー

図 2-2 は軌道エネルギーと原子番号の関係を表したものである．**右下がりのグラフになっている**．原子番号の増加は原子核中の陽子数の増加を意味し，それは核の電荷が増えることになるから電子が受けるクーロン力も大きくなり，その結果，電子のエネルギーも安定化することを意味する．量子数に関係なく，s 軌道，p 軌道，同じ傾向を示している．

ところが，d 軌道，f 軌道の曲線はすなおな右下がりカーブになっていない．これは原子核の電荷によるクーロン力がすでに電子の詰まった s 軌道，p 軌道など内殻の電子によって遮蔽されて伝達された結果である．しかも，各軌道が複雑に交差するため，このようなカーブになったものである．

問題はエネルギーのグラフが交差することである．これは軌道エネルギーの逆転を意味する．

2 エネルギー準位と軌道半径

図 2-2 において，原子番号 21（A）で軌道のエネルギーを比較すると，3d 軌道と 4s 軌道でエネルギーが逆転していることがわかる．すなわち，第 1 章第 4 節で見た軌道のエネルギー準位は 1s < 2s < 2p < 3s < 3p < **3d** < **4s** < …であった．ところがここでは 1s < 2s < 2p < 3s < 3p < **4s** < **3d** < …となっている．

この点で各軌道をエネルギーの順で並べたものが図 2-3 である．左側は軌道エネルギーの順であり，右側は軌道の大きさの順である．4s 軌道は 3d 軌道より大きい．ところがエネルギーは 4s 軌道のほうが低い．電子は軌道エネルギーの順に入って行く．これは電子が入るとき，まず外側の 4s 軌道に入り，4s 軌道が満杯になってから，内側の 3d 軌道に電子が入って行くことを意味する．

原子番号と軌道エネルギー

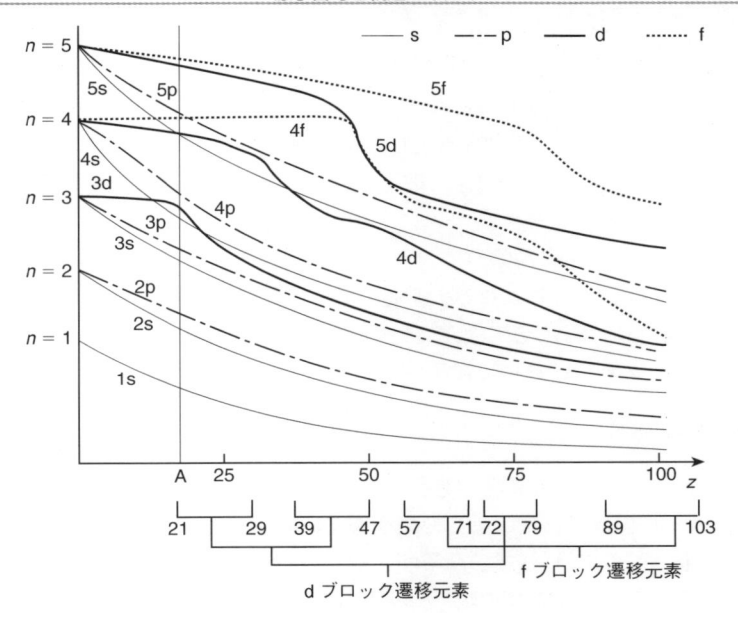

図 2-2

dブロック遷移元素: 21–29, 39–47, 57, 71–72, 79
fブロック遷移元素: 57–71, 89–103

エネルギー準位と軌道半径

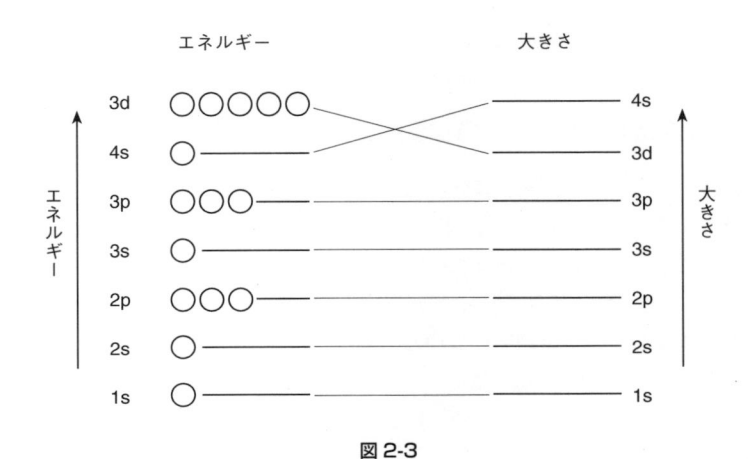

図 2-3

3 遷移元素の電子配置

前項で見たことを受けて，原子番号 21 番のスカンジウム Sc から 29 番の銅 Cu に電子を配置したのが図 2-4 である．

先に図 2-1 において，典型元素として原子番号 18 番のアルゴンまでの電子配置を示した．そこでアルゴンの電子配置まではアルゴン核（Ar）として省略した．

19 番のカリウム，20 番のカルシウムで 4s 軌道はいっぱいになり，21 番のスカンジウムからはいよいよ 3d 軌道に電子が入り始めることになる．図 2-4 に示したとおり，スカンジウムで 3d 軌道に 1 個の電子が入り，後はチタン Ti，バナジウム V と 3d 軌道に電子が増えて行く．

4 電子配置の異常

クロム Cr の電子配置は異常である．これまで 2 個の電子が入っていた 4s 軌道の電子が 1 個に減っている．カギを握るのは 3d 軌道の電子数である．5 本の 3d 軌道すべてに 1 個ずつ電子が入っている．このように，半分満たされた状態も特別の安定性を獲得することが知られている．それは先に見た原理 4，電子のスピンの方向はそろえたほうが有利である，に従うからである．マンガン Mn になって 4s 軌道は元の満杯に戻る．

次の異常は銅で起きる．ここでも 4s 軌道は 1 個になっている．これは 3d 軌道を満杯にするためである．この状態で M 殻がすべて満杯になったことになり，閉殻構造の安定性が得られるからである．

典型元素の亜鉛 Zn になって初めて 3d，4s 両軌道が満杯になる．

5 d ブロック遷移元素・f ブロック遷移元素

前項で見たように d 軌道が満たされて行く過程の元素を特に **d ブロック遷移元素という**．原子番号 39 から 47 番，および 72 番から 79 番の遷移元素も d ブロック遷移元素である．それに対して 57 番から 71 番のランタノイド元素，89〜103 番のアクチノイド元素は，それぞれ **4f 軌道，5f 軌道に電子が入って行くシリーズなので f ブロック遷移元素と呼ばれる**．図に新たに増えた電子の入って行く d，f 軌道を示した．f ブロック遷移元素の f 軌道がいかに内側にあるかがわかる．このため，**f ブロック遷移元素は内部遷移元素と呼ばれる**こともある．

遷移元素の電子配置

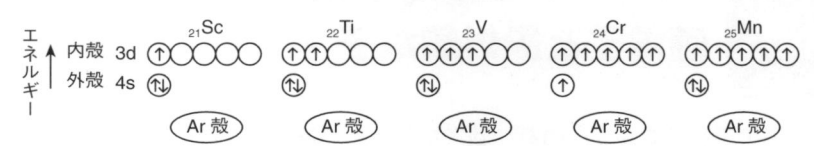

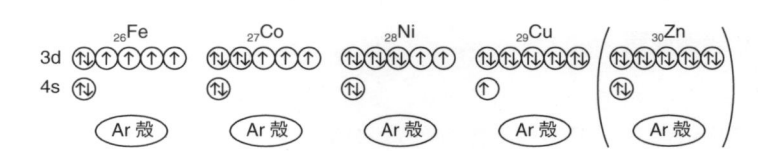

	₂₁Sc	₂₂Ti	₂₃V	₂₄Cr	₂₅Mn
3d	↑	↑↑	↑↑↑	↑↑↑↑↑	↑↑↑↑↑
4s	↑↓	↑↓	↑↓	↑	↑↓
	Ar殻	Ar殻	Ar殻	Ar殻	Ar殻

内殻 / 外殻　エネルギー↑

	₂₆Fe	₂₇Co	₂₈Ni	₂₉Cu	₃₀Zn
3d	↑↓↑↑↑↑	↑↓↑↓↑↑↑	↑↓↑↓↑↓↑↑	↑↓↑↓↑↓↑↓↑↓	↑↓↑↓↑↓↑↓↑↓
4s	↑↓	↑↓	↑↓	↑	↑↓
	Ar殻	Ar殻	Ar殻	Ar殻	Ar殻

図 2-4

電子配置の異常

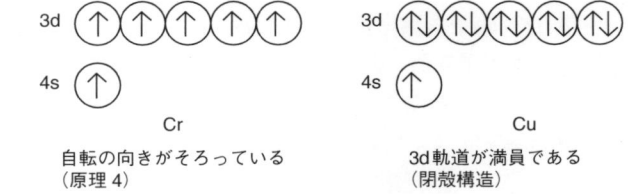

Cr
- 3d: ↑ ↑ ↑ ↑ ↑
- 4s: ↑

自転の向きがそろっている（原理4）

Cu
- 3d: ↑↓ ↑↓ ↑↓ ↑↓ ↑↓
- 4s: ↑

3d軌道が満員である（閉殻構造）

図 2-5

dブロック遷移元素・fブロック遷移元素

dブロック元素
- 4s: ↑↓
- 3d: ○○○○○　新たに電子の入る軌道
- 3p: ↑↓↑↓↑↓
- 3s: ↑↓

fブロック元素
- 6s: ↑↓
- 5p: ↑↓↑↓↑↓
- 5s: ↑↓
- 4f: ○○○○○○○　新たに電子の入る軌道
- 4d: ↑↓↑↓↑↓↑↓↑↓

図 2-6

第3節 価電子と最外殻電子

原子の最もエネルギーの高い軌道に入っている電子を価電子という．また最も外側にいる電子を最外殻電子という．

1 典型元素

軌道に電子を入れて行くとき，典型元素では新たに加わった電子は最もエネルギーが高く，最も量子数の大きい軌道に入った．この電子は最もエネルギーの高い軌道に入っているのだから価電子である．一方，最も量子数の大きい軌道とは，最も軌道半径の大きい軌道のことであるから，この電子は最外殻電子でもある．このように**典型元素では価電子，最外殻電子は同じものである**．

2 遷移元素

スカンジウム Sc から始まる遷移元素では，新たに増えた電子は 3d 軌道に入った．3d 軌道のエネルギーは 4s より高いが，量子数は小さい．すなわち 3d 軌道は 4s 軌道の内側にあることになる．この結果，価電子は 3d 軌道の電子であるが，最外殻電子は 4s 軌道の電子であるということになる．

元素をあめ玉としたら，典型元素では原子番号が増えると外側に新たな電子が入る．要するにあめ玉の色が変わる．ところが，**遷移元素のあめ玉はすべて外側は同じ色（4s 軌道）をしている．内側だけが変わるのである．**

3 最外殻電子の影響

原子 A と B とが接触したとしよう．原子はどこで接触するだろう．あめ玉のいちばん外側，すなわち最外殻電子で接触することになる．原子どうしの接触は反応につながるものである．これは，原子の反応とは最外殻電子の間の関係であることを意味する．すなわち，反応性に代表される**原子の性質は最外殻電子によって決定される**といっても過言ではないのである．

典型元素では原子番号が一つ増えれば最外殻電子も増え，その結果，原子の性質も変わった．ところが遷移元素では，新たに増えた電子は内側の軌道に入った．最外殻には変化がない．このため，遷移元素の性質はお互いに似ていることになる．

価電子と最外殻電子

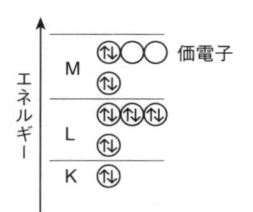

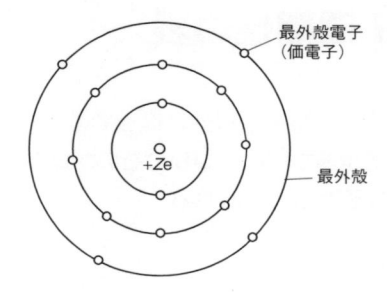

図 2-7

典型元素と遷移元素

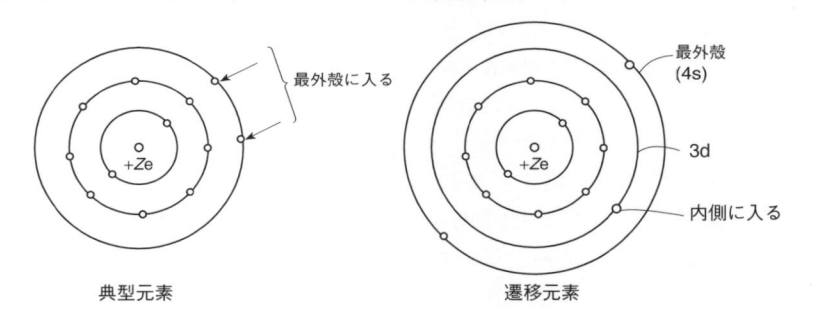

典型元素　　　遷移元素

図 2-8

最外殻電子の影響

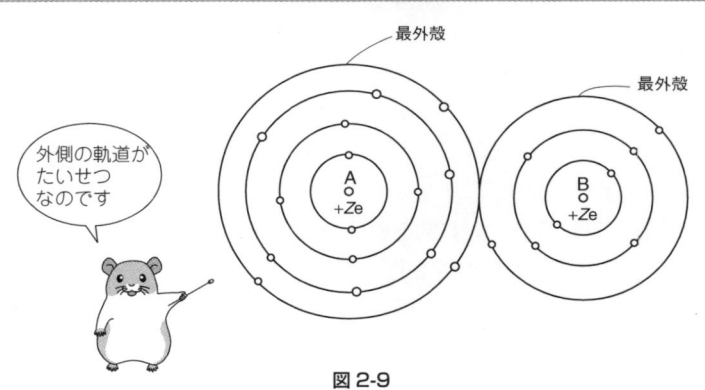

外側の軌道がたいせつなのです

図 2-9

第 3 節 ◆ 価電子と最外殻電子

第4節 周期性の表

　元素を電子配置の類似性に従って並べた表を周期表という．周期表には短周期表，長周期表などいくつかのものが提案されているが，現在は図 2-10 に示した長周期表がよく使われる．

1 周　期

　表の左端につけた番号に従って第 1 周期，第 2 周期と呼ばれる．
　第 1 周期は K 殻に電子が入って行く周期であり，水素とヘリウムの 2 原子からなる．第 2 周期は L 殻に入るシリーズであり，リチウムからネオンまでの 8 原子からなる．第 3 周期は M 殻のうち，3s，3p 軌道に電子が入って行く 8 個の原子であり，ナトリウムからアルゴンまでである．第 4 周期は M 殻と N 殻にまたがる周期であり，4s < 3d < 4p の順に電子が入るシリーズであり，ここで初めて全 18 族，全 18 個の原子がそろうことになる．d 軌道に電子が入って行く 21 番スカンジウムから 29 番銅までを d ブロック遷移元素と呼ぶ．第 5 周期は第 4 周期と同じように構成されて行く．
　第 6 周期は変わっている．56 番バリウム Ba の次にランタノイドと呼ばれる一群の原子がまとまって位置している．これは 4f 軌道に電子が入って行くシリーズであり，f ブロック遷移元素と呼ばれる．したがって第 6 周期は 32 個の原子から構成されることになる．第 7 周期も f ブロック遷移元素のアクチノイド元素を含み，第 6 周期と同様であるが，大きい元素は未知であり，この周期は未完である．

2 族

　上部に打った番号に従って 1 族元素，2 族元素と呼ばれる．**1，2，12，13，14，15，16，17，18 族を典型元素と呼び，3 族から 11 族を遷移元素と呼ぶ**．原子の種類としては遷移元素のほうが多くなっている．
　典型元素の場合，各族には特有の性質が付属し，そのことが周期表を化学的に価値あるものにしている．例えば，1 族はプラス 1 価になりやすく，17 族はマイナス 1 価になりやすいとかである．これについては次章，第 3 章で詳しく見ることにする．

周期表

各元素の4桁の原子量 a) $Ar(^{12}C) = 12$

族\周期	1	2	3	4	5	6	7	8	9	10	11	12	13	14	15	16	17	18
1	1H 水素 1.008																	2He ヘリウム 4.003
2	3Li リチウム 6.941	4Be ベリリウム 9.012											5B ホウ素 10.81	6C 炭素 12.01	7N 窒素 14.01	8O 酸素 16.00	9F フッ素 19.00	10Ne ネオン 20.18
3	11Na ナトリウム 22.99	12Mg マグネシウム 24.31											13Al アルミニウム 26.98	14Si ケイ素 28.09	15P リン 30.97	16S 硫黄 32.07	17Cl 塩素 35.45	18Ar アルゴン 39.95
4	19K カリウム 39.10	20Ca カルシウム 40.08	21Sc スカンジウム 44.96	22Ti チタン 47.87	23V バナジウム 50.94	24Cr クロム 52.00	25Mn マンガン 54.94	26Fe 鉄 55.85	27Co コバルト 58.93	28Ni ニッケル 58.69	29Cu 銅 63.55	30Zn 亜鉛 65.41	31Ga ガリウム 69.72	32Ge ゲルマニウム 72.64	33As ヒ素 74.92	34Se セレン 78.96	35Br 臭素 79.90	36Kr クリプトン 83.80
5	37Rb ルビジウム 85.47	38Sr ストロンチウム 87.62	39Y イットリウム 88.91	40Zr ジルコニウム 91.22	41Nb ニオブ 92.91	42Mo モリブデン 95.94	43Tc テクネチウム (99)	44Ru ルテニウム 101.1	45Rh ロジウム 102.9	46Pd パラジウム 106.4	47Ag 銀 107.9	48Cd カドミウム 112.4	49In インジウム 114.8	50Sn スズ 118.7	51Sb アンチモン 121.8	52Te テルル 127.6	53I ヨウ素 126.9	54Xe キセノン 131.3
6	55Cs セシウム 132.9	56Ba バリウム 137.3	ランタノイド 57〜71	72Hf ハフニウム 178.5	73Ta タンタル 180.9	74W タングステン 183.8	75Re レニウム 186.2	76Os オスミウム 190.2	77Ir イリジウム 192.2	78Pt 白金 195.1	79Au 金 197.0	80Hg 水銀 200.6	81Tl タリウム 204.4	82Pb 鉛 207.2	83Bi ビスマス 209.0	84Po ポロニウム (210)	85At アスタチン (210)	86Rn ラドン (222)
7	87Fr フランシウム (223)	88Ra ラジウム (226)	アクチノイド 89〜103	104Rf ラザホージウム (261)	105Db ドブニウム (262)	106Sg シーボーギウム (263)	107Bh ボーリウム (264)	108Hs ハッシウム (269)	109Mt マイトネリウム (268)									

ランタノイド	57La ランタン 138.9	58Ce セリウム 140.1	59Pr プラセオジム 140.9	60Nd ネオジム 144.2	61Pm プロメチウム (145)	62Sm サマリウム 150.4	63Eu ユウロピウム 152.0	64Gd ガドリニウム 157.3	65Tb テルビウム 158.9	66Dy ジスプロシウム 162.5	67Ho ホルミウム 164.9	68Er エルビウム 167.3	69Tm ツリウム 168.9	70Yb イッテルビウム 173.0	71Lu ルテチウム 175.0
アクチノイド	89Ac アクチニウム (227)	90Th トリウム 232.0	91Pa プロトアクチニウム 231.0	92U ウラン 238.0	93Np ネプツニウム (237)	94Pu プルトニウム (239)	95Am アメリシウム (243)	96Cm キュリウム (247)	97Bk バークリウム (247)	98Cf カリホルニウム (252)	99Es アインスタイニウム (252)	100Fm フェルミウム (257)	101Md メンデレビウム (258)	102No ノーベリウム (259)	103Lr ローレンシウム (262)

a) この表の値は IUPAC 原子量表 (2001) による．

図 2-10

第5節 イオン化エネルギーの周期性

原子には多様な性質が付属しているが，その大部分は電子配置に由来するものである．したがって，原子を電子配置に従って整理した周期表は原子の性質をも整理して表していることになる．

1 イオン化エネルギー (I)

原子が電子を 1 個放出するとプラス 1 価のイオンになる．これを原子のイオン化という．**原子をイオン化させるためには外からエネルギーを加える必要がある（吸熱反応）．このエネルギーをイオン化エネルギー (I) と呼ぶ．**

図 2-11 にイオン化の概念図を示した．原子 A において軌道エネルギー E_1 の最外殻に入った電子にエネルギー E_1 を与えたとする．エネルギーをもらった電子はエネルギー E_1 だけ上の軌道に移動する．**電子が軌道間を移動することを遷移という．** E_1 だけ上の軌道とは自由電子のエネルギーを意味する．これは電子が自由電子になって原子から放出されたことである．すなわち A は電子を放出して A⁺ にイオン化したことになる．

E_1 はイオン化エネルギー (I) だったことになる．

2 イオン化エネルギーの周期性

図 2-12 はイオン化エネルギーを原子番号の順に並べたものである．ノコギリの歯のようになっている．このように性質が繰り返すことを周期性という．

歯の山は 18 族元素であり，谷は 1 族元素である．周期表の周期とピッタリ一致する．また，原子番号が大きくなると減少する傾向がある．

第 1 章第 4 節より，周期が大きくなると軌道エネルギーは高くなるのだからイオン化エネルギーは小さくなるはずであり，事実とよく合う．また第 1 節で見たように閉殻構造は安定なのだから，1 族元素は最外殻の 1 個の電子を放出しやすいはずであり，これも事実と合う．

イオン化エネルギーを周期表に並べた典型元素に割りふったのが図 2-13 である．周期表の右に行くほど大きく，また上に行くほど大きい．この傾向を矢印で示した．イオン化エネルギーには電子配置が反映し，周期表は電子配置に従って原子を並べたものであれば，両者が一致するのはいわば当然のことである．

イオン化エネルギー

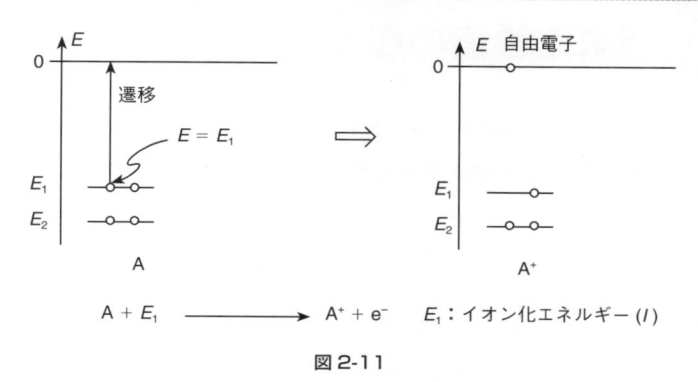

$A + E_1 \longrightarrow A^+ + e^-$ E_1：イオン化エネルギー (I)

図 2-11

イオン化エネルギーの周期性

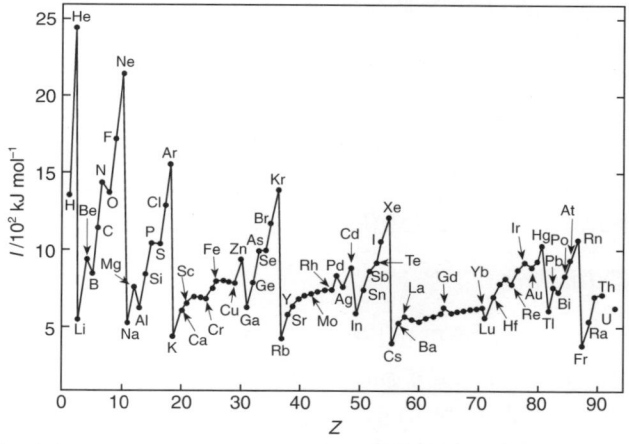

[中原昭次, 小森田精子, 中尾安男, 鈴木晋一郎, 無機化学序説, p.16, 図 3.1, 化学同人 (1985)]

図 2-12

1族	2族	13族	14族	15族	16族	17族	18族
H (1312)							He (2372)
Li (520)	Be (900)	B (801)	C (1086)	N (1402)	O (1314)	F (1681)	Ne (2081)
Na (496)	Mg (738)	Al (578)	Si (786)	P (1012)	S (1000)	Cl (1251)	Ar (1520)
K (419)	Ca (590)	Ga (579)	Ge (762)	As (947)	Se (941)	Br (1140)	Kr (1351)
Rb (403)	Sr (550)	In (558)	Sn (709)	Sb (834)	Te (869)	I (1008)	Xe (1170)
Cs (376)	Ba (503)	Tl (589)	Pb (715)	Bi (703)	Po (812)	At (930)	Rn (1037)

単位 kJ/mol

[三吉克彦, はじめて学ぶ大学の無機化学, p.22, 表 2.1, 化学同人 (1998)]

図 2-13

第6節 電気陰性度の周期性

原子には電子を引き寄せてマイナスになろうとする性質を持つものがある．この，電子を引きつける性質の大小を表す数値が電気陰性度である．

1 電子親和力（A）

原子が外界から電子を1個もらうと原子はマイナス1価のイオンになる．このとき放出されるエネルギーを電子親和力（A）と呼ぶ．この過程を表したものが図2-14である．エネルギー0の自由電子が原子Bのエネルギー E_3 の軌道に落ちたとしよう．電子は余分のエネルギー E_3 を放出する（発熱反応）．原子Bは電子を受け取ったことになるからマイナス1価になる．この E_3 が電子親和力（A）である．

図2-15は電子親和力を周期表に従って並べたものである．よい周期性のあることがわかる．傾向を矢印で示した．

これは図2-15と先ほどの図2-13を比べてみればわかることである．**両者はよく似たものである．イオン化エネルギーでは最高エネルギー軌道が問題となり，電子親和力ではもう一つ上の軌道が問題になっているだけである．**

2 電気陰性度の周期性

電子親和力が大きいということはマイナスになるときに大きなエネルギーを放出するということである．要するにマイナスになりやすいということである．イオン化エネルギーが大きいということはプラスになるためには大きなエネルギーを必要とするということである．プラスになりにくいということである．これはマイナスになる傾向が大きいとも受け取れる．

要するに電子親和力（A）にしろイオン化エネルギー（I）にしろ，大きいということはマイナスになりやすいということを意味する．ということで，両者の絶対値を元にして決めた値が電気陰性度である．**電気陰性度は原子が電子を引きつける度合いである．**

電気陰性度を周期表に従って配列したのが図2-16である．よい周期性のあることがわかる．大きさの傾向を矢印で示しておいた．

電子親和力

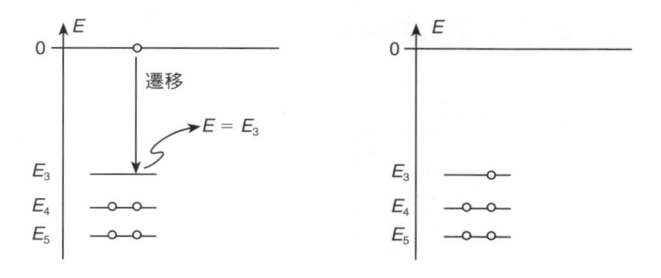

$B + e^- \longrightarrow B^- + E_3$ E_3：電子親和力 (A)

図 2-14

1族	2族	13族	14族	15族	16族	17族	18族
H 73							He < 0
Li 60	Be −50	B 27	C 122	N −7	O 141	F 328	Ne < 0
Na 53	Mg −40	Al 44	Si 134	P 72	S 200	Cl 349	Ar < 0
K 48	Ca −30	Ga 29	Ge 120	As 77	Se 195	Br 325	Kr < 0
Rb 47	Sr −30	In 29	Sn 121	Sb 101	Te 190	I 295	Xe < 0
Cs 46	Ba −30	Tl 30	Pb 110	Bi 110	Po 180	At 270	Rn < 0

単位 kJ/mol

［三吉克彦, はじめて学ぶ大学の無機化学, p.26, 表 2.2, 化学同人 (1998)］

図 2-15

電気陰性度の周期性

$$電気陰性度\ \chi \fallingdotseq \frac{|I| + |A|}{2}$$

1族	2族	13族	14族	15族	16族	17族	18族
H 2.1							He
Li 1.0	Be 1.5	B 2.0	C 2.5	N 3.0	O 3.5	F 4.0	Ne
Na 0.9	Mg 1.2	Al 1.5	Si 1.8	P 2.1	S 2.5	Cl 3.0	Ar
K 0.8	Ca 1.0	Ga 1.3	Ge 1.8	As 2.0	Se 2.4	Br 2.8	Kr 3.0
Rb 0.8	Sr 1.0	In 1.8	Sn 2.0	Sb 2.1	Te 2.1	I 2.5	Xe 2.7
Cs 0.7	Ba 0.9	Tl 2.0	Pb 2.3	Bi 2.0	Po 2.0	At 2.2	Rn

図 2-16

第7節 結合エネルギーの周期性

　分子を作るとき，原子は互いに結合する．結合にはいろいろの種類がある．一般に原子が結合して分子になるとエネルギー的に安定する．原子状態と分子状態とを比較して分子になることによって安定化したエネルギーを結合エネルギーと呼ぶ．結合エネルギーにもいろいろの種類があるが，周期性を示すものもある．

1 X–H 結合エネルギー

　原子 X と水素原子 H との結合エネルギーを X–H 結合エネルギーという．水素原子と結合しない元素も少なくないため，データは不完全にならざるをえないが，若干のものを周期表に従って並べたのが図 2-17 である．矢印のような右上がりの傾向が見て取れる．

　周期表で右へ行くほど大きくなるのは**両原子間の電気陰性度の差が大きくなり，結合にイオン性が加わるからである**．また，周期表で下へ行くほど小さくなるのは**両原子の大きさの違いが大きくなり，効果的な結合ができにくくなるからである**と考えられる．

2 X–X 結合エネルギー

　同じ原子が結合するときのエネルギーを表したのが図 2-18 である．14 族元素では C > Si > Ge と周期表で下へ行くほど小さくなる．

　ところが 15, 16, 17 族ではそうはなっていない．しかし注意してみると，これは例外元素があるからだということがわかる．第 2 周期元素である．

　第 2 周期元素を外して見てみよう．15 族；P > As，16 族；S > Se，17 族；Cl > Br > I．よい傾向が見える．周期表で下へ行くほど結合エネルギーが小さくなるのは**原子が大きくなるため，結合距離が伸び，有効な結合ができにくくなるから**である．

　第 2 周期元素で結合エネルギーが小さくなるのは，これらの小さい原子が結合するときには，原子上にある**内殻電子によるクーロン反発が大きくなって結合を弱めた**結果と考えられる．

X–H 結合エネルギー

1族	2族	13族	14族	15族	16族	17族	18族
H 436							He
Li	Be	B	C 414	N 389	O 459	F 569	Ne
Na	Mg	Al	Si 318	P 326	S 347	Cl 432	Ar
K	Ca	Ga	Ge 285	As 297	Se 317	Br 366	Kr
Rb	Sr	In	Sn	Sb	Te	I 298	Xe
Cs	Ba	Tl	Pb	Bi	Po	At	Rn

単位 kJ/mol

図 2-17

X–X 結合エネルギー

1族	2族	13族	14族	15族	16族	17族	18族
H 436							He
Li	Be	B	C 347	N 159	O 142	F 158	Ne
Na	Mg	Al	Si 226	P 239	S 264	Cl 242	Ar
K	Ca	Ga	Ge 188	As 180	Se 172	Br 192	Kr
Rb	Sr	In	Sn	Sb	Te	I 151	Xe
Cs	Ba	Tl	Pb	Bi	Po	At	Rn

単位 kJ/mol

図 2-18

共有結合半径

1族	2族	13族	14族	15族	16族	17族	18族
H 0.37							He
Li 1.34	Be 1.25	B 0.90	C 0.77	N 0.75	O 0.73	F 0.71	Ne
Na 1.54	Mg 1.45	Al 1.30	Si 1.18	P 1.10	S 1.02	Cl 0.99	Ar
K 1.96	Ca 1.97	Ga 1.20	Ge 1.22	As 1.22	Se 1.17	Br 1.14	Kr
Rb 2.50	Sr 2.15	In 1.67	Sn 1.40	Sb 1.43	Te 1.35	I 1.33	Xe
Cs 2.72	Ba 2.24	Tl 1.71	Pb 1.75	Bi 1.82	Po	At	Rn

単位 Å

図 2-19

第8節 大きさの周期性

　原子の大きさは原子の周りに存在する電子雲の大きさで測られる．具体的には水素原子なら，水素分子の結合距離の半分を水素原子の半径と考える．これを共有結合半径という．一方，結合しない原子が最も接近したときの原子間距離を元にして算出した半径もある．これをファンデルワールス半径という．当然ファンデルワールス半径は共有結合半径よりも大きい．

　同じように，イオンの半径も定義できる．これは食塩などのイオン結晶において塩素イオンとナトリウムイオンの距離から両者の半径の和が求まる．これを多種類のイオンについて求めれば，各イオンの半径を求めることができる．これをイオン半径という．

1 共有結合半径

　共有結合半径を周期表に従って配列したのが前ページ図 2-19 である．**左下へ行くほど大きくなる**．周期表で下へゆけばそれだけ量子数が大きくなり，軌道半径が大きくなるのだから，原子が大きくなるのはいわば当然である．

　周期表で右へ行けば原子番号が増え，電子も増えているのに原子が小さくなっているのはなぜだろう．それは原子番号が増えたからである．原子番号が増えるということは原子核のプラス電荷が増えるということである．電子はそれだけ強く原子核に引き寄せられる．小さくなるのは当然である．

2 大きさの周期性

　原子とイオンの相対的な大きさを図に表したのが図 2-20 である．原子，陽イオン，陰イオンで大きさが大きく異なることに注意してもらいたい．リチウム原子とその陽イオンでは 2.5 倍の開きがある．フッ素原子とその陰イオンでも 2 倍近い開きがある．一方，水素とヘリウム原子を除けば，最も小さいフッ素原子と最も大きいセシウム原子の開きは 4 倍に満たない．

　有機化合物を構成する原子は主に第 2 周期元素であり，大きさはよくそろっている．それに対して無機化学が扱う分子は実に大小いろいろの原子から構成されていることがわかる．無機化学の興味はこのあたりにもあるようである．

大きさの周期性

原子とイオンの相対的大きさ
Å単位 (1Å = 0.1 nm)

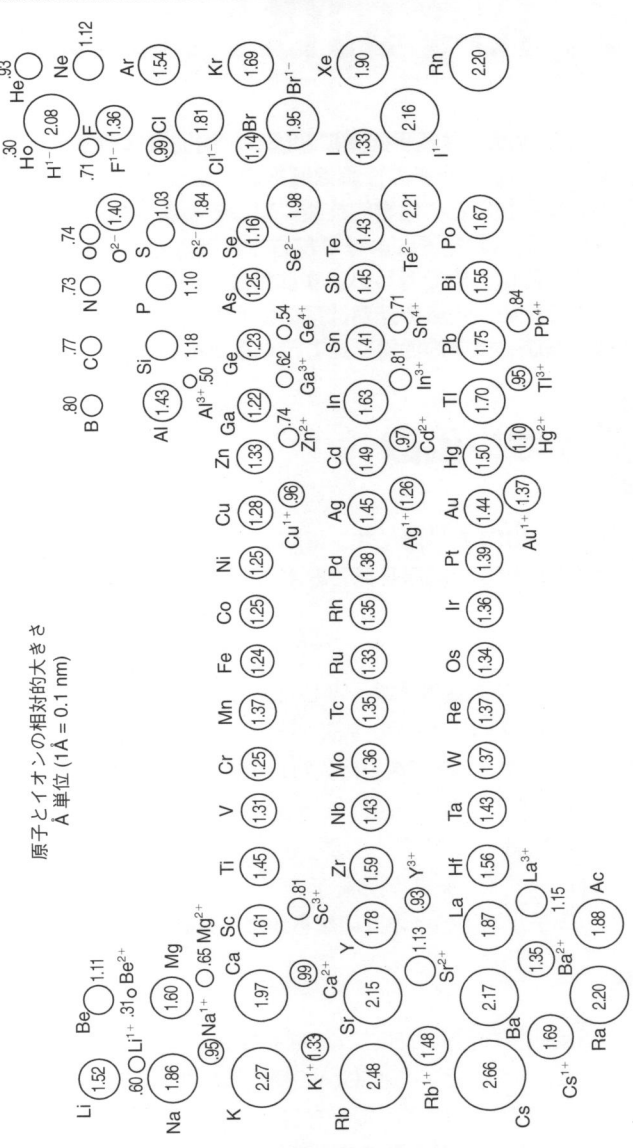

H .30																He .93	
H⁻ 2.08																	
Li 1.52	Be 1.11											B .80	C .77	N .73	O .74	F .71	Ne 1.12
Li⁺ .60	Be²⁺ .31														O²⁻ 1.40	F⁻ 1.36	
Na 1.86	Mg 1.60											Al 1.43	Si 1.18	P 1.10	S 1.03	Cl .99	Ar 1.54
Na⁺ .95	Mg²⁺ .65											Al³⁺ .50			S²⁻ 1.84	Cl⁻ 1.81	
K 2.27	Ca 1.97	Sc 1.61	Ti 1.45	V 1.31	Cr 1.25	Mn 1.37	Fe 1.24	Co 1.25	Ni 1.25	Cu 1.28	Zn 1.33	Ga 1.22	Ge 1.23	As 1.25	Se 1.16	Br 1.14	Kr 1.69
K⁺ 1.33	Ca²⁺ .99	Sc³⁺ .81								Cu⁺ .96	Zn²⁺ .74	Ga³⁺ .62	Ge⁴⁺ .54		Se²⁻ 1.98	Br⁻ 1.95	
Rb 2.48	Sr 2.15	Y 1.78	Zr 1.59	Nb 1.43	Mo 1.36	Tc 1.35	Ru 1.33	Rh 1.35	Pd 1.38	Ag 1.45	Cd 1.49	In 1.63	Sn 1.41	Sb 1.45	Te 1.43	I 1.33	Xe 1.90
Rb⁺ 1.48	Sr²⁺ 1.13	Y³⁺ .93								Ag⁺ 1.26	Cd²⁺ .97	In³⁺ .81	Sn⁴⁺ .71		Te²⁻ 2.21	I⁻ 2.16	
Cs 2.66	Ba 2.17	La 1.87	Hf 1.56	Ta 1.43	W 1.37	Re 1.37	Os 1.34	Ir 1.36	Pt 1.39	Au 1.44	Hg 1.50	Tl 1.70	Pb 1.75	Bi 1.55	Po 1.67		Rn 2.20
Cs⁺ 1.69	Ba²⁺ 1.35	La³⁺ 1.15								Au⁺ 1.37	Hg²⁺ 1.10	Tl³⁺ .95	Pb⁴⁺ .84				
	Ra 2.20	Ac 1.88															

[名古屋工業大学化学教室編, 基礎教養化学, 付録, 学術図書 (1979)]

図 2-20

3章 化学的性質の周期性

　原子の性質の大部分は電子配置に起因し，周期表は電子配置に従って原子を配列したものなので，原子の性質は周期表に従った周期性を持つことを見た．これは原子の反応性など，化学的性質に関してもまったく同様にあてはまる．
　原子の性質は最外殻電子によって左右されることが多い．典型元素における最外殻電子の個数は各族で等しい．すなわち，1族なら1個，16族なら6個である．このため，各族の元素は互いに似た反応性を示すことになる．
　ここでは，各族の化学的性質を見て行くことにしよう．

第1節 イオン価数

　原子は電子を放出すれば陽イオンになり，電子を受容すれば陰イオンとなる．イオンの価数と周期表の関係を見てみよう．

1 イオン化

　図3-1の原子Aは最外殻電子として3s軌道に2個の電子を持っている．原子Cの最外殻電子は2s，2p軌道の6個である．第2章第1節で見たように，殻が定員いっぱいの電子を受け入れた閉殻状態は特別の安定性を獲得する．
　原子Aが閉殻構造となるためにはどうすればよいか．最外殻の2個の電子を放出すれば閉殻構造Bとなる．このとき原子Aは2価の陽イオンA^{2+}となる．まったく同様に原子Cは2個の電子を受容してC^{2-}になれば閉殻構造となる．このように，**原子が何価のイオンになるかは最外殻電子の個数にかかっている**．

2 周期性

　周期表の各族原子が何価のイオンになるかをまとめたのが図3-2である．1族は+1，2族は+2，というぐあいに表に示した．18族はそれ自身で閉殻構造を持った原子であり，電子の授受を行わない．14族原子も陽イオンになるか陰イオンになるかの中間であり，一般にイオン的な反応や結合はしない．
　3族から11族の一群の原子は遷移元素である．第2章第2節で見た複雑な電子配置を反映して，イオンの価数も複数となるなど複雑である．

化学的性質の周期性

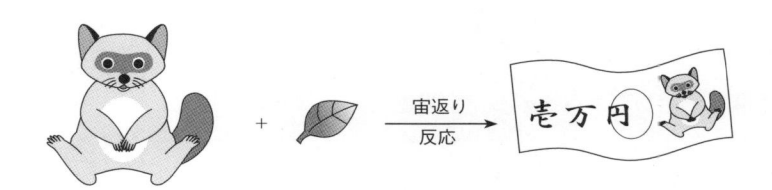

イオン価数

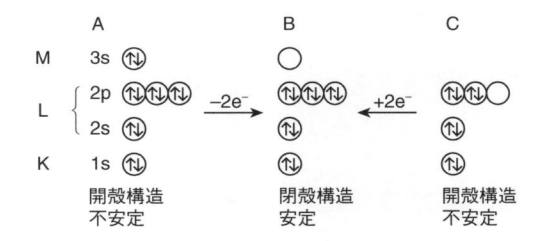

図 3-1

	1	2	3	4	5	6	7	8	9	10	11	12	13	14	15	16	17	18
1	H																	He
2	Li	Be											B	C	N	O	F	Ne
3	Na	Mg											Al	Si	P	S	Cl	Ar
4	K	Ca	Sc	Ti	V	Cr	Mn	Fe	Co	Ni	Cu	Zn	Ga	Ge	As	Se	Br	Kr
5	Rb	Sr	Y	Zr	Nb	Mo	Tc	Ru	Rh	Pd	Ag	Cd	In	Sn	Sb	Te	I	Xe
6	Cs	Ba	La	Hf	Ta	W	Re	Os	Ir	Pt	Au	Hg	Tl	Pb	Bi	Po	At	Rn
7	Fr	Ra	Ac															
電荷価	+1価	+2価			複		雑					+2価	+3価		−3価	−2価	−1価	

La：ランタノイド　　Ac：アクチノイド

図 3-2

第2節 1族元素（アルカリ金属）

周期表の1族に属する元素を1族元素という．水素を除いたほかの元素を特にアルカリ金属元素ということもある．1族元素の特徴は最外殻電子が1個であり，1価の陽イオンとなりやすいことである．

1 水素

水素は原子として水を構成し，水の重量の10％以上（2/18）は水素の重量である．分子としてはその質量の小ささから気球に詰める気体として古くから利用されているが，その可燃性からくる爆発事故も絶えない．最近は**燃料電池の燃料**として脚光を浴びている．

水素分子と水の性質をその同位体とともに表3-1にあげた．重水 D_2O は化学研究の重要な溶媒として，また原子炉の中性子減速剤として利用されている．

水素の関連する反応のいくつかを反応1〜3にあげた．実験室規模で水素を発生させるには亜鉛と硫酸を作用させる（反応1）．水素と酸素は激しく反応して水を生成する（反応2）．Naを水素ガス中で加熱すると水素化ナトリウム（NaH）を生じるが，この分子中で水素は陰イオン H^- となっている．NaHは水と激しく反応して水素ガスを発生する（反応4）．

2 アルカリ金属

アルカリ金属元素の名前はその酸化物の水溶液が強いアルカリ性を示すことから付けられた由来がある．アルカリ金属は銀白色の柔らかい固体であるが，Li（融点181℃）を除いて融点は低く（Na；98℃，K；64℃，Rb；39℃），Csは夏には液体である（融点28℃）．

アルカリ金属は反応性の激しい金属元素であり，水と爆発的に反応して水素を発生する（反応5）．Kは湿った空気中でも発火するほどである．また空気中の酸素とも反応して過酸化物となる（反応6）ため，アルカリ金属は石油中に保存される．食塩はNaとClからできたイオン化合物であり，Na^+ イオン Cl^- イオンから構成される（反応7）．

Naは身近な元素であり，塩化ナトリウム（食塩，NaCl），炭酸水素ナトリウム（重曹，$NaHCO_3$），水酸化ナトリウム（NaOH）などとして存在する．

1族元素（アルカリ金属）

	1	2	3	4	5	6	7	8	9	10	11	12	13	14	15	16	17	18
1	H																	He
2	Li	Be											B	C	N	O	F	Ne
3	Na	Mg											Al	Si	P	S	Cl	Ar
4	K	Ca	Sc	Ti	V	Cr	Mn	Fe	Co	Ni	Cu	Zn	Ga	Ge	As	Se	Br	Kr
5	Rb	Sr	Y	Zr	Nb	Mo	Tc	Ru	Rh	Pd	Ag	Cd	In	Sn	Sb	Te	I	Xe
6	Cs	Ba	La	Hf	Ta	W	Re	Os	Ir	Pt	Au	Hg	Tl	Pb	Bi	Po	At	Rn
7	Fr	Ra	Ac															

水素

	H_2	D_2	H_2O	D_2O
融点 (°C)	−259.1	−254.4	0	3.82
沸点 (°C)	−252.9	−259.4	100	101.42
比重 (25°C)			0.997	1.107
最大比重温度 (°C)			3.98	11.6
NaCl の溶解 (水 100g, 25°C)			35.9	30.5

表 3-1

$$Zn + H_2SO_4 \longrightarrow ZnSO_4 + H_2\uparrow \quad \text{（反応 1）}$$

$$2H_2 + O_2 \longrightarrow 2H_2O \quad \text{（爆鳴気）} \quad \text{（反応 2）}$$

$$H_2 + 2Na \longrightarrow 2NaH \quad \text{（}H^-\text{水素化物イオン）} \quad \text{（反応 3）}$$

$$2NaH + H_2O \longrightarrow Na_2O + 2H_2 \quad \text{（反応 4）}$$

アルカリ金属

Na は H_2O に会うとバクハツしますキヲツケテ

$$2Na + 2H_2O \longrightarrow 2NaOH + H_2\uparrow \quad \text{（反応 5）}$$

$$2Na + O_2 \longrightarrow Na_2O_2 \quad \text{（反応 6）}$$

$$2Na + Cl_2 \longrightarrow 2NaCl \quad \text{（反応 7）}$$

第3節 2族元素（アルカリ土類金属）

　2族に属する元素はアルカリ土類金属と呼ばれる．この元素の水酸化物は一般に水に溶けにくいが，溶けるとアルカリ性を示すことから名前にアルカリが付いた．しかし $Be(OH)_2$ は両性であり，酸ともアルカリとも反応する

1 性　質

　アルカリ土類金属の性質を表 3-2 にまとめた．
　Be は軽い（比重 1.85）金属であり，単体は毒性が強いため取り扱いには注意を要する．電磁波をよく通すため，X 線照射装置で X 線を通す窓として利用される．Be の合金は硬度が高く，歯車などの原料として使われる．
　Mg は強い光を放って燃えるため，写真撮影のフラッシュや花火の原料として用いられる．化学反応では有機合成反応で有名なグリニャール試薬を作る際に用いられる．

2 反応性

　アルカリ土類金属は酸素と反応して酸化物となる（反応 8）．Ca，Sr，Ba は冷水と反応し，水素を発生して水酸化物を与える（反応 9）．Mg は表面が酸化被膜で覆われているため，水と反応しないが水銀に溶かしてアマルガムとすると水と反応する．水酸化物は酸化物に水を作用させることによっても得られる（反応 10）．水酸化物は空気中の二酸化炭素と反応して炭酸塩を与える（反応 11）．Ca，Sr，Ba を水素中で加熱すると水素化物を生成する（反応 12）．水素化物は水と激しく反応して水素ガスを発生するので，乾燥溶媒を作る際に利用される．

3 放射能

　原子が核反応を起こすとα線（He 原子核），β線（電子），γ線（高エネルギー電磁波）を発生する．**放射線を発生する能力を放射能といい，放射能を持つ元素を放射性元素という**．Ra や Sr は放射性元素である．反応 13，14 の核反応を起こしてそれぞれα線，β線を放出する．これらの放射線はがん治療などの放射線療法に利用される．

2族元素（アルカリ土類金属）

	1	2	3	4	5	6	7	8	9	10	11	12	13	14	15	16	17	18
1	H																	He
2	Li	Be											B	C	N	O	F	Ne
3	Na	Mg											Al	Si	P	S	Cl	Ar
4	K	Ca	Sc	Ti	V	Cr	Mn	Fe	Co	Ni	Cu	Zn	Ga	Ge	As	Se	Br	Kr
5	Rb	Sr	Y	Zr	Nb	Mo	Tc	Ru	Rh	Pd	Ag	Cd	In	Sn	Sb	Te	I	Xe
6	Cs	Ba	La	Hf	Ta	W	Re	Os	Ir	Pt	Au	Hg	Tl	Pb	Bi	Po	At	Rn
7	Fr	Ra	Ac															

性質

	単体	水との反応	水素化物	
Be	硬合金	—	—	毒性
Mg	フラッシュ	—	—	RMgX：グリニャール試薬
Ca		H_2発生	CaH_2	$CaSO_4 \cdot 0.5 H_2O$：焼セッコウ
Sr		H_2発生	SrH_2	^{90}Sr：放射性
Ba		H_2発生	BaH_2	$BaSO_4$：X線造影剤
Ra	放射性			がんの放射線治療

表 3-2

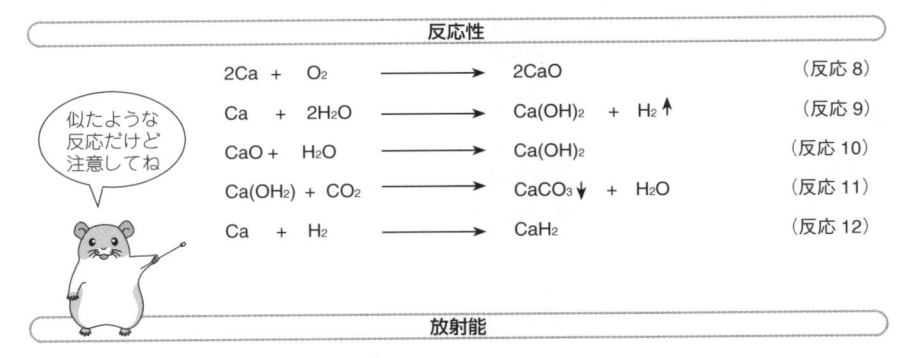

反応性

$$2Ca + O_2 \longrightarrow 2CaO \quad \text{(反応 8)}$$

$$Ca + 2H_2O \longrightarrow Ca(OH)_2 + H_2 \uparrow \quad \text{(反応 9)}$$

$$CaO + H_2O \longrightarrow Ca(OH)_2 \quad \text{(反応 10)}$$

$$Ca(OH)_2 + CO_2 \longrightarrow CaCO_3 \downarrow + H_2O \quad \text{(反応 11)}$$

$$Ca + H_2 \longrightarrow CaH_2 \quad \text{(反応 12)}$$

似たような反応だけど注意してね

放射能

$$^{224}_{88}Ra \xrightarrow{t_{1/2} = 3.7 \text{日}} {}^{220}_{86}Rn + {}^{4}_{2}He \quad (\alpha \text{線}) \quad \text{(反応 13)}$$

$$^{90}_{38}Sr \xrightarrow{t_{1/2} = 28.5 \text{年}} {}^{90}_{39}Y + e^- \quad (\beta \text{線}) \quad \text{(反応 14)}$$

第4節 12族元素

　12族元素の最外殻電子は s 軌道に入った 2 個の電子であり，その意味では 2 族元素に似ている．実際 2 族元素と同じく，12 族元素も +2 価に荷電する．
　違いは最外殻のすぐ内側の軌道である．2 族元素では p 軌道である．しかし 12 族元素では d 軌道になっている．

1 亜鉛

　亜鉛は青白色の金属であり，単体としては乾電池の負極に用いられる．そのほかに鉄にメッキしたものはトタンして有用であり，銅との合金は黄銅（真鍮）として工作機器や装飾品に使用される．亜鉛は塩酸，水酸化ナトリウム両者と反応して水素を発生する．亜鉛イオン Zn^{2+} の水溶液に塩基を加えると水酸化亜鉛 $Zn(OH)_2$ の白色沈殿が生成する．

2 カドミウム

　青白色でナイフで削れる柔らかい金属である．イタイイタイ病の原因として有名になってしまったが，原子炉（第 1 章コラム）の制御棒，テレビのブラウン管に用いるりん光剤などとしてかけがえのない金属である．

3 水銀

　常温で液体のただ一つの金属である．融点は $-39\ ℃$，沸点は $357\ ℃$ であり，比重は 13.5 と金（比重 19.3）に比べれば小さいが鉛（11.3）や鉄（7.9）より大きい．温度計や各種触媒として有用な金属である．
　一方で，水銀は単体としてもまた化合物としても有害な金属である．2 価イオンを含む塩化水銀（Ⅱ）（昇コウ $HgCl_2$）は猛毒で知られるが，1 価イオンの塩化水銀（Ⅰ）（甘コウ Hg_2Cl_2）も有毒である．また，メチル水銀 $(CH_3)_4Hg$ など有機水銀といわれる化合物は水俣病の原因にもなっている．
　各種の金属を溶かして**アマルガム**を作る．カドミウムとのアマルガムは歯科治療用に用いられる．金アマルガムを銅像に塗り，その後，銅像を加熱すると水銀だけが蒸発して銅像には金が残る．すなわち**化学メッキ**として伝統工芸に用いられる．奈良の大仏もこの技法でメッキされたといわれている．

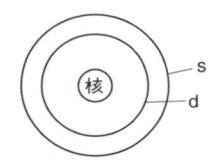

12族元素

	1	2	3	4	5	6	7	8	9	10	11	12	13	14	15	16	17	18
1	H																	He
2	Li	Be											B	C	N	O	F	Ne
3	Na	Mg											Al	Si	P	S	Cl	Ar
4	K	Ca	Sc	Ti	V	Cr	Mn	Fe	Co	Ni	Cu	Zn	Ga	Ge	As	Se	Br	Kr
5	Rb	Sr	Y	Zr	Nb	Mo	Tc	Ru	Rh	Pd	Ag	Cd	In	Sn	Sb	Te	I	Xe
6	Cs	Ba	La	Hf	Ta	W	Re	Os	Ir	Pt	Au	Hg	Tl	Pb	Bi	Po	At	Rn
7	Fr	Ra	Ac															

電子配置

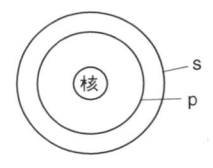

2族元素 (核, s, p) 　　　12族元素 (核, s, d)

図 3-3

亜 鉛

$Zn + 2HCl \longrightarrow ZnCl_2 + H_2 \uparrow$

$Zn + 2NaOH + 2H_2O \longrightarrow Na_2[Zn(OH)_4] + H_2 \uparrow$
テトラヒドロキソ亜鉛酸ナトリウム

$Zn^{2+} + 2OH^- \longrightarrow Zn(OH)_2 \downarrow$

水 銀

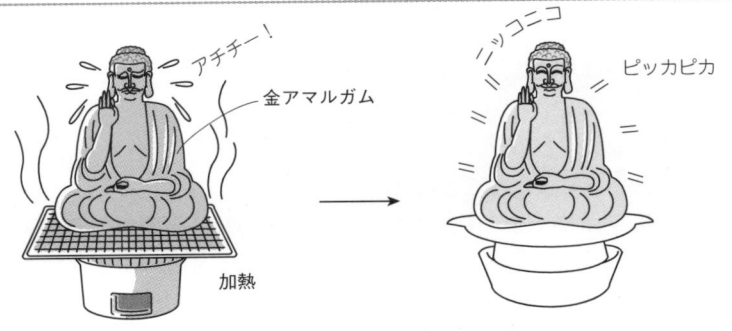

アチチー！　金アマルガム　加熱　ニッコニコ　ピッカピカ

第5節 13族元素（ホウ素族）

2族の次に来る典型元素は13族のホウ素族である．ホウ素族は最外殻に3個の電子を持つため3価の陽イオンとなりやすい．この族で重要なのはBとAlである．Ga, In, TlはAlの性質と類似しているが，Tlは強い毒性を持つことで知られている．

1 ホウ素

Bは黒みがかった金属光沢を持った固体である．Bの特徴の一つはその化合物の分子構造と結合にある．特殊な結合によって各種の興味深い構造の分子を与える．いくつかのものを図3-4に示した．ジボランB_2H_6では水素が形式的に2価として結合しており，このような結合は**三中心二電子結合**といわれ，ホウ素化合物に特有の結合である．この結合に関しては第6章第5節で詳しく説明する予定である．B_4H_{10}にもこのような結合が含まれている．$[B_6H_6]^{2-}$ではBが5価になっている．

Bは常温では水に反応しないが高温では反応してホウ酸と水素を発生する（反応15）．酸素と反応して酸化物を与え（反応16），フッ素と反応して三フッ化ホウ素を与える（反応17）が，三フッ化ホウ素は水素化ナトリウムと反応してジボランを与える（反応18）．

2 アルミニウム

Alは銀白色の金属光沢を持った軽い（比重2.7）金属である．少量の銅などとの合金，ジュラルミンは軽くて強いので航空機に用いられる．単体を得るにはボーキサイト鉱（主成分，酸化アルミニウム，Al_2O_3）を電気分解する．

Alは常温では水と反応しないが高温では反応する（反応19）．空気中で酸化されて表面に酸化アルミニウムの緻密な膜（**不動態**）を作る（反応20）．この膜のため，さらに酸化されることはなくなる．

食器，アルミサッシ，一円硬貨としてなじみの深い金属であるが，ナス漬けなどに入れるミョウバンもAlの化合物である．ミョウバンを水に溶かすと硫酸カリウムと硫酸アルミニウムになる（反応21）．このように**水に溶かすと元の成分塩に戻る塩を複塩**という．

13族元素（ホウ素族）

	1	2	3	4	5	6	7	8	9	10	11	12	13	14	15	16	17	18
1	H																	He
2	Li	Be											B	C	N	O	F	Ne
3	Na	Mg											Al	Si	P	S	Cl	Ar
4	K	Ca	Sc	Ti	V	Cr	Mn	Fe	Co	Ni	Cu	Zn	Ga	Ge	As	Se	Br	Kr
5	Rb	Sr	Y	Zr	Nb	Mo	Tc	Ru	Rh	Pd	Ag	Cd	In	Sn	Sb	Te	I	Xe
6	Cs	Ba	La	Hf	Ta	W	Re	Os	Ir	Pt	Au	Hg	Tl	Pb	Bi	Po	At	Rn
7	Fr	Ra	Ac															

ホウ素

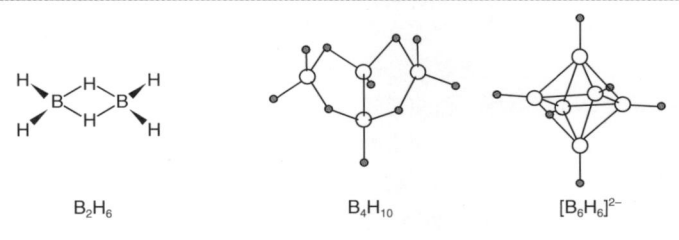

B_2H_6 B_4H_{10} $[B_6H_6]^{2-}$

図 3-4

$$2B + 6H_2O \longrightarrow 2B(OH)_3 + 3H_2 \uparrow \quad \text{（反応 15）}$$

$$4B + 3O_2 \longrightarrow 2B_2O_3 \quad \text{（反応 16）}$$

$$2B + 3F_2 \longrightarrow 2BF_3 \quad \text{（反応 17）}$$

$$2BF_3 + 6NaH \longrightarrow B_2H_6 + 6NaF \quad \text{（反応 18）}$$

アルミニウム

$$2Al + 6H_2O \longrightarrow 2Al(OH)_3 + 3H_2 \quad \text{（反応 19）}$$

不動態 $\quad 2Al + \dfrac{3}{2}O_2 \longrightarrow Al_2O_3 : 不動態 \quad \text{（反応 20）}$

ミョウバン $\quad KAl(SO_4)_2 \cdot 12H_2O$

$$2KAl(SO_4)_2 \longrightarrow K_2SO_4 + Al_2(SO_4)_3 \quad \text{（反応 21）}$$

第6節 14族元素（炭素族）

　14族，炭素族元素は4個の価電子を持つ．4個の電子を放出または受容して4価の陽または陰イオンとなる例はないが，p軌道の2個の電子を放出してs軌道に電子対を残した安定な構造を取る（不活性電子対効果）ため，PbやSnでは2価の陽イオンとなる．CやSiはもっぱら共有結合を行う．

1 炭 素

　Cは有機化学で詳細に論じられる．ここでは無機分子として二酸化炭素を取り上げる．二酸化炭素は熱容量が大きく，地球上の熱の放散を妨げ**地球温暖化**をもたらすといわれる．石油を燃焼したときに出る二酸化炭素量を概算してみよう．乱暴な近似ではあるが，石油を飽和炭化水素とすると分子式は C_nH_{2n+2} となる．これを燃焼すると n 個の炭素原子は n 個の二酸化炭素に変わる．石油中での炭素原子1個部分 (CH_2) の重さは $12+2=14$ であり，二酸化炭素では (CO_2) $12+2\times16=44$ である．すなわち14gの石油が44gの二酸化炭素に変わるわけである．**重量で3倍である**．

2 ケイ素

　Siは金属光沢を持つ固体であり，地殻の27%を占める．Siは電気炉中で二酸化ケイ素をCによって還元して得る（反応23）．二酸化ケイ素を炭酸ナトリウムと加熱するとケイ酸ナトリウムを生じる（反応24）．ケイ酸ナトリウムに水を加えて加熱すると粘 稠（ちゅう）な水ガラスとなる．水ガラスに塩酸を加えるとケイ酸が生じる（反応25）が，これを加熱脱水すると乾燥剤のシリカゲルとなる．

3 金属的性質

　白色スズは銀白色の固体であり，食器に用いられまた鉄板にメッキしてブリキとして用いられるが，灰色スズは非金属性である．

　Pbは灰色の重い（比重13.6）金属元素であり，ハンダや鉛蓄電池に用いられる．放射線を通しにくいことから放射線やX線の遮蔽剤としても用いられる．

　Geは半導体であり，少量の13族あるいは15族元素を混ぜて伝導率を上昇させ，これらを組み合わせて**ダイオードとして整流作用**に利用し，また**トランジスターとして電気信号の増幅**などに利用する．

14族元素（炭素族）

	1	2	3	4	5	6	7	8	9	10	11	12	13	14	15	16	17	18
1	H																	He
2	Li	Be											B	C	N	O	F	Ne
3	Na	Mg											Al	Si	P	S	Cl	Ar
4	K	Ca	Sc	Ti	V	Cr	Mn	Fe	Co	Ni	Cu	Zn	Ga	Ge	As	Se	Br	Kr
5	Rb	Sr	Y	Zr	Nb	Mo	Tc	Ru	Rh	Pd	Ag	Cd	In	Sn	Sb	Te	I	Xe
6	Cs	Ba	La	Hf	Ta	W	Re	Os	Ir	Pt	Au	Hg	Tl	Pb	Bi	Po	At	Rn
7	Fr	Ra	Ac															

炭 素

$$C + O_2 \longrightarrow CO_2$$

18 L

$$C_nH_{2n+2} + \frac{3n}{2}O_2 \longrightarrow nCO_2 + nH_2O \quad \text{（反応22）}$$
$$MW = 16n \qquad\qquad MW = 44n$$

ケイ素

$$SiO_2 + 2C \longrightarrow Si + 2CO \quad \text{（反応23）}$$

$$Na_2CO_3 + SiO_2 \longrightarrow Na_2SiO_3 + CO_2 \quad \text{（反応24）}$$
水ガラス

$$Na_2SiO_3 + 2HCl \longrightarrow NaCl + H_2SiO_3 \quad \text{（反応25）}$$
脱水してシリカゲル

金属的性質

Ge：半導体 $\begin{cases} p型 & Ge +13族元素 \\ n型 & Ge +15族元素 \end{cases}$

複合体 $\begin{cases} p-n & \text{ダイオード：整流作用} \\ p-n-p & \\ n-p-n & \end{cases}$ トランジスター：信号増幅作用

Sn：電気メッキ：ブリキ
　　食器

Pb：鉛蓄電池，ハンダ，放射線遮蔽剤

図 3-5

第7節 15族元素（窒素族）

15族，窒素族元素は5個の最外殻電子を持つ．酸化数としては－3価となるが，遊離イオンとしては不活性電子対効果のため＋3価となることが多い．

1 窒　素

Nは窒素分子として空気の4/5の体積を占める．液体空気を分留することによって得られる．沸点は－196℃であり，液体窒素は便利な冷却剤として多用される．融点は－210℃である．

Nは酸素と反応して酸化物を作るが，表3-3に示したようにその種類は多く，窒素の酸化状態は＋5価から－3価まであらゆる価数をとる．**酸化窒素は光化学スモッグの成分の一つ**と考えられている．

Nは実験室的には亜硝酸アンモニウムを熱分解して発生させる（反応26）．アンモニアは種々の化学物質の原料として欠かせないものであるが工業的にはNとHの直接反応によって作る（反応27）．

2 リ　ン

Pの特色はその同素体の多さである．**同素体とは同一の原子で結合状態の異なる分子あるいは結晶のことである．**酸素分子 O_2 とオゾン O_3 のようなものである．黄リン，赤リン，黒リンが知られている．

黄リンは白色ロウ状の固体であり，分子式は P_4 で，その構造は図3-4に示したとおり正四面体型である．猛毒で知られ，また空気中で酸化されるときの熱で自然発火する．赤リンは黄リンを密閉容器内で長時間加熱することで生成する赤褐色粉末であり，その分子構造は図のような高分子構造である．無毒で安定であり，マッチや花火に用いられる．黒リンは黄リンや赤リンを高圧下で加熱すると得られる．構造は図のとおりであり，層状構造をなすため剥離性がある．金属光沢を持ち，半導体性を持つ．

Pは酸化されて十酸化四リン（P_4O_{10}，五酸化二リンとも呼ばれる）を与える（反応28）．十酸化四リンは強力な乾燥剤であり，水と反応するとリン酸となる（反応29）．

15族元素（窒素族）

	1	2	3	4	5	6	7	8	9	10	11	12	13	14	15	16	17	18
1	H																	He
2	Li	Be											B	C	N	O	F	Ne
3	Na	Mg											Al	Si	P	S	Cl	Ar
4	K	Ca	Sc	Ti	V	Cr	Mn	Fe	Co	Ni	Cu	Zn	Ga	Ge	As	Se	Br	Kr
5	Rb	Sr	Y	Zr	Nb	Mo	Tc	Ru	Rh	Pd	Ag	Cd	In	Sn	Sb	Te	I	Xe
6	Cs	Ba	La	Hf	Ta	W	Re	Os	Ir	Pt	Au	Hg	Tl	Pb	Bi	Po	At	Rn
7	Fr	Ra	Ac															

窒素

酸化状態	+5	+4	+3	+2	+1	0	−1	−2	−3
化学式	N_2O_5	NO_2 N_2O_4	N_2O_3	NO	N_2O	N_2	NH_2OH	N_2H_4	NH_3
性質	無色固体	黄色液体	赤褐色気体	無色気体	無色気体	無色気体	無色固体	無色液体	無色気体

表 3-3

$$NH_4NO_2 \longrightarrow N_2 + 2H_2O \quad \text{(反応 26)}$$

$$N_2 + 3H_2 \xrightarrow{Fe} 2NH_3 \quad \text{(反応 27)}$$

リン

黄リン　　赤リン　　黒リン

図 3-6

$$4P + 5O_2 \longrightarrow P_4O_{10} \quad \text{(反応 28)}$$

$$P_4O_{10} + 6H_2O \longrightarrow 4H_3PO_4 \quad \text{(反応 29)}$$

第8節 16族元素（酸素族）

16族，酸素族元素の最外殻電子は6個であり，−2価になりやすい．

1 酸 素

酸素分子は液体空気の分留によって得られ，沸点は −183 ℃と窒素より高いため，窒素が気化した後も液体として残る．**磁性を持ち，液体酸素は強力な磁石によって誘引される**．

酸化物はその水溶液の示す液性によって**酸性酸化物，塩基性酸化物，両性酸化物**の3種に分けられる．各々の性質は表 3-4 にまとめたとおりである．**非金属元素は酸性，金属元素は塩基性酸化物を与える．Al，As など 13，14，15 族元素には両性酸化物を与える**ものがある．

実験室的に酸素分子を発生させるには過酸化水素に少量の酸化マンガン（Ⅳ）を加える（反応 30）．酸素分子中で放電するとオゾンが生成する（反応 31）．オゾンは成層圏にあって宇宙から来る紫外線を吸収する．近年フロンのせいでこのオゾン層が破壊されることがわかり，環境問題となっている．オゾンは強い酸化作用を持ち，ヨウ化カリウムを酸化してヨウ素を遊離させる（反応 32）．

2 硫 黄

S は単体として火山や温泉地帯に産出し，また各種元素の硫化物として地殻中に大量に存在する．S には多数の同素体があり，S_8 として八員環構造をとる単斜硫黄と斜方硫黄，多数の S が高分子状に結合したゴム状硫黄などが知られている．S の特色の一つは多数の酸化数をとることであり，−2（H_2S），+2（SO），+4（SO_2），+6（SO_3）がある．

硫化水素 H_2S は特有の温泉臭を持った気体であり，有毒である．硫化水素は硫化鉄に硫酸を作用させると発生する（反応 33）．硫化水素には還元性がありヨウ素を還元してヨウ化水素にする（反応 34）．また，二酸化硫黄を還元して硫黄を遊離させる（反応 35）．

S の酸化物から得られる酸には多数の種類が知られており，その一部を表 3-5 に示した．

16族元素（酸素族）

	1	2	3	4	5	6	7	8	9	10	11	12	13	14	15	16	17	18
1	H																	He
2	Li	Be											B	C	N	O	F	Ne
3	Na	Mg											Al	Si	P	S	Cl	Ar
4	K	Ca	Sc	Ti	V	Cr	Mn	Fe	Co	Ni	Cu	Zn	Ga	Ge	As	Se	Br	Kr
5	Rb	Sr	Y	Zr	Nb	Mo	Tc	Ru	Rh	Pd	Ag	Cd	In	Sn	Sb	Te	I	Xe
6	Cs	Ba	La	Hf	Ta	W	Re	Os	Ir	Pt	Au	Hg	Tl	Pb	Bi	Po	At	Rn
7	Fr	Ra	Ac															

酸　素

酸化物	酸性酸化物	塩基性酸化物	両性酸化物
水溶液の液性	酸性	塩基性	弱酸性か弱塩基性
酸との反応	—	塩を生成	塩を生成
塩基との反応	塩を生成	—	塩を生成
反応例	$CO_2 + H_2O$ $\longrightarrow H_2CO_3$	$Na_2O + H_2O$ $\longrightarrow 2NaOH$	$As_2O_3 + 6HCl$ $\longrightarrow 2AsCl_3 + 3H_2O$

表 3-4

$$2H_2O_2 \xrightarrow{MnO_2} 2H_2O + O_2\uparrow \quad (反応30)$$

$$3O_2 \xrightarrow{放電} 2O_3\uparrow \quad (反応31)$$

$$2KI + O_3 + H_2O \longrightarrow 2KOH + O_2\uparrow + I_2 \quad (反応32)$$

硫　黄

$$FeS + H_2SO_4 \longrightarrow FeSO_4 + H_2S\uparrow \quad (反応33)$$

$$H_2S + I_2 \longrightarrow 2HI + S \quad (反応34)$$

$$2H_2S + SO_2 \longrightarrow 3S + 2H_2O \quad (反応35)$$

スルホキシル酸	H_2SO_2	塩として存在
亜硫酸	H_2SO_3	塩として，また溶液中に存在
硫酸	H_2SO_4	mp : 10.5°C
二硫酸	$H_2S_2O_7$	mp : 35°C
チオ硫酸	$H_2S_2O_3$	塩として存在

表 3-5

第9節 17族元素（ハロゲン元素）

ハロゲン族の元素はいずれも –1 価の陰イオンになりやすい．フッ素分子，塩素分子は淡黄色の気体であるが臭素分子は黒赤色の液体であり，ヨウ素分子は黒褐色の金属光沢を持った昇華性の固体である．ヨウ素を除くハロゲン族はいずれも強い毒性を持ち，取り扱いに注意を要する．

1 酸化力

ハロゲンは電子を受容して –1 価の陰イオンとなるため，酸化力を持つ．ハロゲンの酸化力の強さの順は $F_2 > Cl_2 > Br_2 > I_2$ である．酸化力の最も強いフッ素分子は水と激しく反応してフッ化水素 HF を与える（反応 36）が，塩素分子はゆっくりと反応し塩化水素 HCl と次亜塩素酸 HClO を生じる（反応 37）．

2 ハロゲン化物

ハロゲン族は反応性が高く，多くの元素とハロゲン化物を作る．主なものを表 3-6 にまとめた．ハロゲン化水素は水に溶けて酸となるが，酸の強さは HI > HBr > HCl > HF である．フッ化水素 HF は弱酸であるが強い腐食性を持ち，ガラスのエッチングなどに用いられる．

3 フレオン

炭素とフッ素，塩素が結合した分子を総称してフレオンという（フロンは商品名）．幾種類かのフレオンを表 3-7 にまとめた．フレオンはほとんどが無色無臭の気体もしくは低沸点の液体である．冷蔵庫，エアコンなどの冷媒として開発された物質であり，その化学的安定性と揮発性から冷媒はもとより，精密工業製品の洗浄，スプレーのガス，消火剤などとして大量に合成され使用された．

近年，フレオンは成層圏の外側にあるオゾン層のオゾンを破壊し，オゾン層に穴をあけるため，宇宙線の紫外線がその穴を通って地球に到達し，皮膚がんなどの悪作用を及ぼすといわれ，環境問題となっている．これは反応 38～40 に示したように**フレオンが紫外線によって分解されて生じる塩素ラジカル Cl・がオゾンを破壊し，しかもその反応が連鎖的に進行する**からである．

17族（ハロゲン元素）

	1	2	3	4	5	6	7	8	9	10	11	12	13	14	15	16	17	18
1	H																	He
2	Li	Be											B	C	N	O	F	Ne
3	Na	Mg											Al	Si	P	S	Cl	Ar
4	K	Ca	Sc	Ti	V	Cr	Mn	Fe	Co	Ni	Cu	Zn	Ga	Ge	As	Se	Br	Kr
5	Rb	Sr	Y	Zr	Nb	Mo	Tc	Ru	Rh	Pd	Ag	Cd	In	Sn	Sb	Te	I	Xe
6	Cs	Ba	La	Hf	Ta	W	Re	Os	Ir	Pt	Au	Hg	Tl	Pb	Bi	Po	At	Rn
7	Fr	Ra	Ac															

酸化力

$$F_2 > Cl_2 > Br_2 > I_2$$

$$2F_2 + 2H_2O \longrightarrow 4HF + O_2 \qquad \text{(反応 36)}$$

$$Cl_2 + H_2O \rightleftarrows HCl + HClO \qquad \text{(反応 37)}$$

ハロゲン化物

H	Na	Ca	C
HF（ガラス腐食）	NaF	CaF_2（ホタル石）	CF_4
HCl（塩酸）	NaCl（食塩）	$CaCl_2$（乾燥剤）	CCl_4（溶剤）
HBr	NaBr	$CaBr_2$	CBr_4
HI	NaI	CaI_2	CI_4

酸の強さ　HI > HBr > HCl > HF

表 3-6

フレオン

商品名	構造	沸点
フレオン　12	CF_2Cl_2	−29.8
フレオン　22	CHF_2Cl	−40.8
フレオン　113	$CFCl_2-CF_2Cl$	+47.6

表 3-7

$$CF_2Cl_2 + h\nu \longrightarrow CF_2Cl\cdot + Cl\cdot \qquad \text{(反応 38)}$$

$$Cl\cdot + O_3 \longrightarrow ClO\cdot + O_2 \qquad \text{(反応 39)}$$

$$ClO\cdot + O_3 \longrightarrow 2O_2 + Cl\cdot \qquad \text{(反応 40)}$$

第10節 18族元素（希ガス元素）

18族元素は閉殻構造の安定電子配置となっている．そのため，イオン化などの化学反応をほとんど行わず，不活性な元素である．He，Arなどはその不活性さのため，酸素や水蒸気に敏感な化学実験を行う場合の充填気体として利用される．

1 ヘリウム

Heの性質を表3-8にまとめた．希ガス元素の中で最も利用されているのはHeであろう．

特色の一つは原子量が小さく質量が小さいことである．原子量2は空気の平均分子量29より小さく，空気に対して大きな浮力を持つ．このため，アドバルーンや気球に利用される．以前は飛行船にも利用された．次に沸点の低さである．このため極低温を用いる実験に液体ヘリウムは欠かせないものである．特にリニアモーターカーなどには強力な磁場を持つ超伝導磁石が欠かせず，超伝導性獲得には液体ヘリウム温度が必要である．

Heの空気中の存在率は小さく，空気から得ることはできない．Heはアメリカ，テキサス州の油田などからまとまった量で産出されるだけであり，貴重な資源である．ヘリウム以外の希ガス元素は液体空気の分留によって得ることができる．

2 キセノン

希ガス元素は何物とも反応せず，自身の分子も作らないと思われていた．しかし希薄気体中で放電することによって，不安定ながらヘリウム分子イオンHe_2^+が生成する（反応41）ことがわかり，希ガス元素の分子に注目が集まった．その結果，キセノンが各種の分子を作ることが明らかとなり，キセノンの反応と，その分子の構造，結合状態の研究が進んだ．

反応42～44はキセノンとフッ素の間で起こる反応であり，図3-7はそれら分子の構造である．図Bの四フッ化キセノンの結合については第6章第4節で詳しく説明する予定である．

18族（希ガス元素）

	1	2	3	4	5	6	7	8	9	10	11	12	13	14	15	16	17	18
1	H																	He
2	Li	Be											B	C	N	O	F	Ne
3	Na	Mg											Al	Si	P	S	Cl	Ar
4	K	Ca	Sc	Ti	V	Cr	Mn	Fe	Co	Ni	Cu	Zn	Ga	Ge	As	Se	Br	Kr
5	Rb	Sr	Y	Zr	Nb	Mo	Tc	Ru	Rh	Pd	Ag	Cd	In	Sn	Sb	Te	I	Xe
6	Cs	Ba	La	Hf	Ta	W	Re	Os	Ir	Pt	Au	Hg	Tl	Pb	Bi	Po	At	Rn
7	Fr	Ra	Ac															

ヘリウム

大気中存在率	密度（気体）	密度（液体）	沸点	融点
0.0005 %（体積）	0.179 g/L（0°C, 1 気圧）	0.126	−268.9°	−272.2°（26 気圧）

表 3-8

$$2He \xrightarrow{放電} He_2^+ + e^-$$ （反応 41）

キセノン

$$Xe + F_2 \longrightarrow XeF_2$$ （反応 42）

$$XeF_2 + F_2 \longrightarrow XeF_4$$ （反応 43）

$$XeF_4 + F_2 \longrightarrow XeF_6$$ （反応 44）

A F−Xe−F

B (Xe with 4 F, square planar)

C (Xe with 6 F, octahedral)

希ガス元素も反応しちゃうんデース

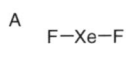

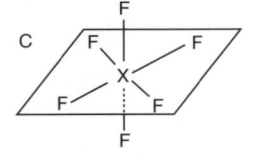

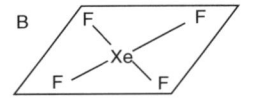

図 3-7

第11節 遷移元素

　3族から11族にわたる元素を遷移元素という．地球上に安定に存在する元素，すなわち原子番号1のHから92のUまでの92種の元素のうち，典型元素は47種であり，残り42種は遷移元素である．さらに，原子炉で人工的に作られた原子番号93以上の超ウラン元素はすべて遷移元素である．

　遷移元素の名称の由来は，メンデレーエフが最初に周期表を考案したころ，典型元素に分類されない元素群（現在の遷移元素）を，最も陽性の1族元素と最も陰性の17族元素の間を徐々に移行（遷移）する元素，という意味で付けたものといわれる．

　典型元素には金属も非金属もあるが，遷移元素はすべてが金属である．

1 dブロックとfブロック

　第2章第2節で見たように，遷移元素の特色はその電子配置に由来する．d軌道，f軌道エネルギーの原子番号依存性の不規則性によって軌道エネルギーの逆転現象が起き，電子が内殻に充填されることになる．このため，d，f軌道の電子配置が不完全な原子群ができる．これが遷移元素である．

　そのうち，第6，第7周期の3族元素，すなわち**ランタノイド，アクチノイド**元素ではf軌道が不完全となるのでこれらを**fブロック遷移元素**，そのほかはd軌道が不完全となるので**dブロック遷移元素**という．

　第2章第1，3節で見たように，殻は完全に満たされているか，あるいは全軌道に1個ずつ電子が入っている状態が安定である．したがってd，f軌道に関しては図3-8に示したような電子配置が安定なことになる．

2 原子価電子

　最もエネルギーの高い軌道に入っている電子を原子価電子という．原子価電子は原子の性質，反応性を決定する電子である．

　原子価電子がどの軌道に入っているかによって原子を分類すると図3-9になる．これによると，**典型元素とはs軌道，もしくはp軌道に価電子が入っている元素であり，遷移元素とはd軌道もしくはf軌道に価電子が入っている元素である**ということがよくわかる．

遷移元素

	1	2	3	4	5	6	7	8	9	10	11	12	13	14	15	16	17	18
1	H																	He
2	Li	Be											B	C	N	O	F	Ne
3	Na	Mg											Al	Si	P	S	Cl	Ar
4	K	Ca	Sc	Ti	V	Cr	Mn	Fe	Co	Ni	Cu	Zn	Ga	Ge	As	Se	Br	Kr
5	Rb	Sr	Y	Zr	Nb	Mo	Tc	Ru	Rh	Pd	Ag	Cd	In	Sn	Sb	Te	I	Xe
6	Cs	Ba	La	Hf	Ta	W	Re	Os	Ir	Pt	Au	Hg	Tl	Pb	Bi	Po	At	Rn
7	Fr	Ra	Ac															

ランタノイド	La	Ce	Pr	Nd	Pm	Sm	Eu	Gd	Tb	Dy	Ho	Er	Tm	Yb	Lu
アクチノイド	Ac	Th	Pa	U	Np	Pu	Am	Cm	Bk	Cf	Es	Fm	Md	No	Lr

d ブロックと f ブロック

d ブロック元素
- Sc ~ Zn　3d
- Y ~ Cd　4d
- Hf ~ Hg　5d

安定
- 満杯：Cu Zn Pd Ag Cd Au Hg
- 半分：Cr Mn Mo Tc Re
- 空

f ブロック元素
- ランタノイド　4f
- アクチノイド　5f

安定

	ランタノイド	アクチノイド
満杯	Tb Lu	No Lr
半分	Eu Gd	Am Cm
空	La	Ac Th

図 3-8

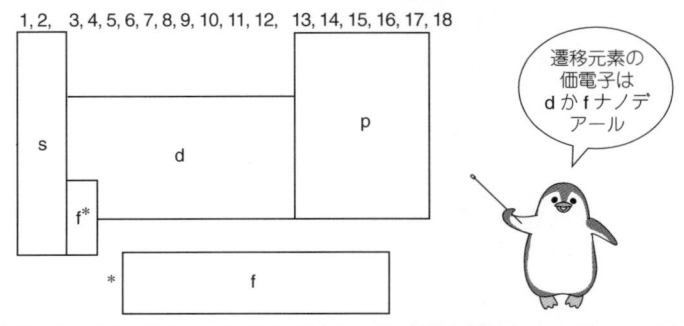

原子価電子

1, 2,　3, 4, 5, 6, 7, 8, 9, 10, 11, 12,　13, 14, 15, 16, 17, 18

s　d　p
f*
* f

遷移元素の価電子はdかfナノデアール

[中原昭次, 小森田精子, 中尾安男, 鈴木晋一郎, 無機化学序説, p.10, 図 2.1, 化学同人 (1985)]

図 3-9

4章 原子価

　原子は，ほかの原子と結合して分子やイオンを形成する．原子価という考えは，原子がさまざまな原子と結合を形成する能力を表している．原子価の多い原子は，複数の原子と結合することができるし，あるいは，少数の原子と強い結合（多重結合）を形成することができる．

　ケクレは，有機化合物中の炭素の原子価が 4 であることを提案し，有機化合物のさまざまな構造を書き表すことに成功した．ウェルナーは，元素に固有の原子価では説明できない金属化合物の構造を説明するために，配位という考えを初めて提案した．ルイスとラングミュアは，中性分子における原子間の共有結合を，原子に共有された電子を含み，最外殻電子が 8 個あると安定な希ガス構造になるという八隅説（オクテット則）により説明した．

　また，通常の分子においては，原子の原子価は整数であるが，整数にならない場合もある．これを超原子価と呼んでいる．

第1節 原子価

　原子間の一対の共有電子を 1 本の線で表して構造式を書くとき，共有電子対を表す線を価標という．一つの原子から出ている価標の数を，その原子の原子価と呼ぶ．例えば，水素分子 H_2 の水素は原子価 1 であり，メタン CH_4 の炭素もエチレン C_2H_4 の炭素も，原子価 4 である．したがって，原子価はその原子がほかの原子と結合するときの腕の数である．この考えを用いると，分子の構造を容易に書き表すことができる．

　原子が持つ電子のうち，周期表においてその原子の前にある希ガスと同じ電子配置の部分を内殻電子といい，その外側の，結合に関与する電子を原子価電子と呼ぶ．例えば，原子番号 6 の炭素の場合，電子配置は，$(1s)^2(2s)^2(2p)^2$ である．$(1s)^2$ は He と同じであり，$(2s)^2(2p)^2$ の 4 個の電子が原子価電子である．原子番号 20 の Ca の電子配置は，$(Ar)(4s)^2$ であり，$(4s)^2$ が原子価電子であり，これが脱離すると Ca^{2+} の 2 価のイオンとなる．

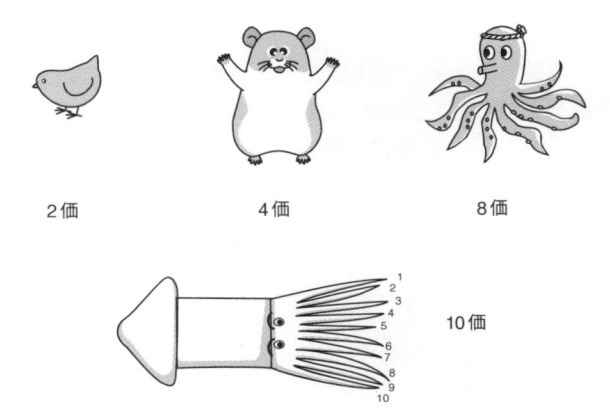

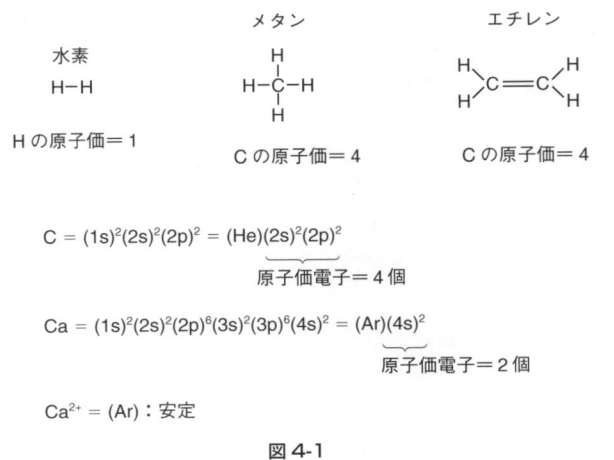

原子価

2価　　　4価　　　8価

10価

原子価

水素　　　　　メタン　　　　　エチレン

H–H

$$\begin{array}{c} H \\ | \\ H-C-H \\ | \\ H \end{array}$$

$$\begin{array}{c} H \\ \\ \end{array} C = C \begin{array}{c} H \\ \\ \end{array}$$
(H H   H H)

Hの原子価＝1　　Cの原子価＝4　　Cの原子価＝4

$C = (1s)^2(2s)^2(2p)^2 = (He)(2s)^2(2p)^2$
　　　　　　　　　　　　原子価電子＝4個

$Ca = (1s)^2(2s)^2(2p)^6(3s)^2(3p)^6(4s)^2 = (Ar)(4s)^2$
　　　　　　　　　　　　　　　　　　　原子価電子＝2個

$Ca^{2+} = (Ar)$：安定

図 4-1

第2節 オクテット則（8電子則）

　この考えは，典型元素の原子が化合物を作るとき，その軌道を占める電子を見ると，s軌道とp軌道で合わせて8個の電子を持っていることから考えられた．すなわち，$(s)^2(p)^6$ の希ガス構造の価電子殻は安定であるという事実によっている．共有結合化合物では，どの原子も共有結合を作る電子対を共有して，8個の最外殻電子を持つ．

1 オクテット構造

　Fは，電子構造が $(He)(2s)^2(2p)^5$ であり，Neの電子配置には電子が1個足りない．そこで，共有結合によって F_2 を作り，相手の原子から互いに電子を1個受け取ることによって，それぞれ8個の最外殻電子を持つことになる．したがって，F_2 は安定な分子として存在することができる．

　非共有電子対が存在するアンモニアの場合は，その電子対を含んで8個の電子を窒素原子が持つように結合が生じる．

　電荷を持つ原子を含むイオンの場合，分子構造の中のいずれかの原子に電荷を割りふる必要がある．例えば，オキソニウムイオンのプラスの電荷は酸素原子に割りふり，過塩素酸イオンの場合は，酸素に -1，塩素に $+3$ を割りふる．

2 多重結合のオクテット則

　塩化ニトロシル NOCl の場合，それぞれの原子の原子価を考えると，窒素が3，酸素が2，塩素が1であるので，O-N-Cl では酸素と窒素が -1 の電荷を持ち，-2 のイオンとなってしまう．これはこの分子が中性であることに反する．したがって，O=N を二重結合と考えると妥当とわかる．すなわち，O=N-Cl の構造をとる．

　多重結合を含む分子の場合，二つ以上の構造が書ける場合がある．これは，多重結合が分子内のいくつかの取りうる場所を動きまわっていることを示し，これを共鳴，あるいは非局在 π結合と呼んでいる．オゾン O_3 の場合，$^-$O-O$^+$-O と O-O$^+$-O$^-$ の共鳴構造をとる．

オクテット構造

$F = (He)(2s)^2(2p)^5$ $Ne = (He)(2s)^2(2p)^6$
　　　　　＿＿＿＿
　　　　　原子価電子

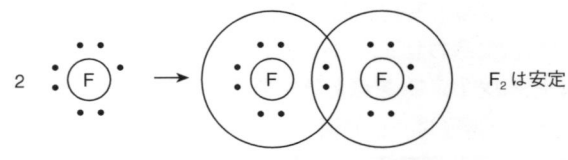

2 :F: → (F)(F) F_2 は安定
　　　　 Ne の構造　Ne の構造

アンモニア　　　　　　　オキソニウムイオン

:N:H = N-H　　　　　　H-O⁺-H　　　　　O⁻-Cl³⁺-O⁻
　H　　H　　　　　　　　H　　　　　　　　O⁻　O⁻

N は Ne の構造　　　　　O は Ne の構造　　　　Cl は Ar の構造

図 4-2

多重結合のオクテット則

塩化ニトロシル（中性）

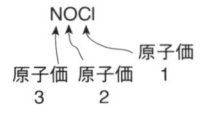

NOCl　　　　　　$[O-N-Cl]^{2-}$　　O=N-Cl
↑↑↑　　　　　　　　　　　　　　こちらが正しい
原子価 原子価 原子価
 3　　 2　　 1

オゾン O_3

O-O⁺-O⁻ ↔ O⁻-O⁺-O = ⁻¹⁄₂O-O⁺-O⁻¹⁄₂

共鳴混成体

図 4-3

第3節 オクテット則に従わない例

価電子数が希ガスと同じになると最安定となるというオクテット則は，遷移元素以外で，s軌道，p軌道に合わせて四つの原子価軌道を持つ原子ではうまく成立する．しかし，価電子の数が8を越えるものもある．これを電子余剰な化学種という．また，遷移金属原子は，s軌道，p軌道のほかに5個のd軌道を持つので，合計9個の原子価軌道を持つことになる．この場合は，オクテット則を拡張して，遷移金属原子の場合，18個の原子価電子を持つと安定になると考える．これが18電子則である．

1 電子余剰な化学種

単結合のオクテット構造では，価電子の数が9以上になることがある．例えば，図4-4に示すように三ヨウ化物イオン I_3^- や六フッ化硫黄 SF_6 においては，中心原子の価電子が10個と12個になり，電子余剰となる．これでは8個の電子での安定性を考えることはできない．そこで，非結合共鳴構造（あるいは部分結合）を考える．I_3^- の場合は対称形の共鳴構造となり，両側のヨウ素は $-1/2$ の電荷を持つように書かれる．同様に，SF_6 ではフッ素原子は等しく $-1/3$ の電荷を持つ．

2 18電子則

オクテット則では一つのs軌道と三つのp軌道を考えるわけであるが，遷移金属元素はさらに五つのd軌道を持つため，合計9個の軌道に18個の電子が入ったときに最安定な構造になると考える．このような18電子則が成り立つ代表的な化合物は，π結合性有機金属化合物やカルボニル錯体などである．例えば，図4-5に示すように $[Cr(CO)_6]$ の場合，クロムは6個，一酸化炭素はそれぞれ2個の価電子を出して結合を作るとすると，合計18となり，Krと同じ電子数となる．

フェロセン $[Fe(C_5H_5)_2]$ では，Fe(II) の6個のd電子と，それぞれ6個のπ電子を持つ $C_5H_5^-$ イオン二つからなる錯体とすると，合計18個となる．

電子余剰な化学種

三ヨウ化物イオン I_3^-

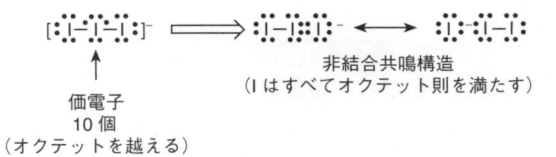

$[\ddot{\underline{I}}-\ddot{\underline{I}}-\ddot{\underline{I}}]^- \Longrightarrow \ddot{\underline{I}}-\ddot{\underline{I}}\colon\colon\overset{..}{\underline{I}}]^- \longleftrightarrow [\overset{..}{\underline{I}}\colon\colon\ddot{\underline{I}}-\ddot{\underline{I}}]^-$

価電子
10個
(オクテットを越える)

非結合共鳴構造
(I はすべてオクテット則を満たす)

六フッ化硫黄 SF_6

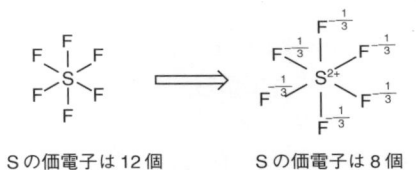

Sの価電子は12個 ⟹ Sの価電子は8個

（右の構造では S が S^{2+}、各 F が $F^{-\frac{1}{3}}$）

図 4-4

---

18 電子則

$[Cr(CO)_6]$

$(Ar)(4s)^1(3d)^5$
Cr : 6
6CO : 12
――――
18
価電子

フェロセン

Fe^{2+} : 6
$2C_5H_5^-$: 12
――――
18
価電子

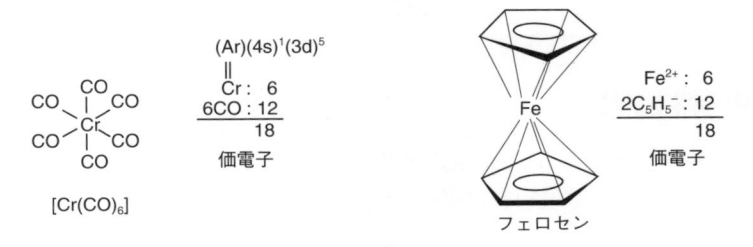

18個の原子価電子を持つと安定

図 4-5

第4節 整数にならない原子価

化学結合を考える場合，通常は二つの原子間の結合を考えるので，二中心結合と呼ぶことができる．しかし，結合の数に対して電子の数が 8 に満たない場合は，オクテットを形成できない．水素化ホウ素の場合，価電子の総数は 6 であり，二中心結合では説明できない．そこで三中心結合を考える．

1 三中心二電子結合

水素化ホウ素 BH_3 は，価電子が 6 個であり，オクテットを形成することができない．実際，BH_3 は反応性に富む，不安定な化合物である．安定な二量体のジボラン B_2H_6 においても，電子は不足している．しかし，この分子は B-H-B の架橋構造を持つことが知られている．そこで，ホウ素が四つの結合でオクテット則を満たすようにするには，二つの B-H-B 架橋構造を持つ図 4-6 のような構造をとると考える．架橋している水素原子は，ほかの原子が形づくる平面にたいし，垂直な面上に存在している．

ジボランの全結合数は 8 であるので，本来 16 個の価電子が必要であるが，ここでは 12 しかない．つまり，B-H-B の三中心結合は二つの電子で作られている．これを**三中心二電子結合**と呼ぶ．

2 三中心四電子結合

一つの三中心結合が，四つの価電子を持つ場合がある．この場合は d 電子の関与は考えない．後で説明する超原子価を，**三中心四電子結合**を使って説明する場合は，部分混成という考えを取り入れる．例えば PF_5（三角両錐）について考えると，その形は sp^3d 混成により説明できるが，d 軌道はエネルギー準位が高いため，s 軌道や p 軌道と同じように混成軌道に寄与することはできない．そこで，図 4-7 のように，三つの F と P で sp^2 混成を構成し，P の p_z 軌道を通じて F-P-F が三中心四電子結合を形成すると考える．なお，PF_5 が三角両錐の構造をとることは，P の周りの σ 結合の電子対どうしの反発が最小になるように F が配置されるという電子対反発則によっても理解できる．

三中心二電子結合

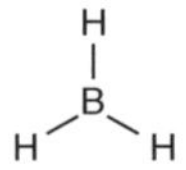

価電子 =6 個
不安定

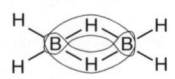

価電子 =12 個
B−H−B が 2 電子で結合
安定

図 4-6

三中心四電子結合

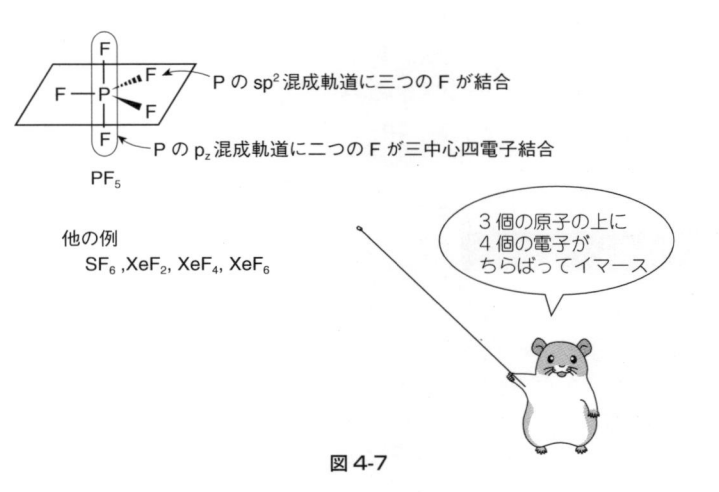

P の sp^2 混成軌道に三つの F が結合
P の p_z 混成軌道に二つの F が三中心四電子結合

PF_5

他の例
SF_6, XeF_2, XeF_4, XeF_6

3 個の原子の上に
4 個の電子が
ちらばってイマース

図 4-7

第5節 主原子価と副原子価

1913年にノーベル賞を受賞したAlfred Wernerは,「配位説」を唱えた.それは三つの仮定に基づく.

1) 多くの元素は,主原子価（酸化状態）と副原子価（配位結合による原子価,すなわち配位数）を持つ.
2) それぞれの元素は,主原子価と副原子価を満足させようとする.
3) 副原子価は中心金属イオンの周りに方向性を持っている.

このように2種類の原子価を考えることにより,遷移金属の結合について,配位化合物の性質をうまく表すことができた.

コバルトは3価の陽イオンとなりやすく,主原子価（酸化数）は3である.コバルトの化合物を調べると,3価のイオンとしてだけでなく,さらに余分の分子あるいはイオンと反応（配位）していることがわかる.例えば,$CoCl_3 \cdot 5NH_3$において,イオンとして解離する塩化物イオンCl^-の数は2であった.そこで,コバルトの副原子価（配位数）を6とすると,アンモニアが5個配位しているので,残りの一つに三つのClのうちの一つが配位していなければならない.すなわち三つのClは,塩化物イオンとして解離する同等の状態のイオンではなく,そのうち一つは水の中で解離しないで副原子価（配位数）6を満たしており,結論として,図4-8に示すように$[CoCl(NH_3)_5]Cl_2$と表せることになる.

> **column　イノセント配位子**
>
> イノセント配位子と呼ばれる,酸化状態がはっきり決まらない配位子がある.これは,結合が生成すると低いエネルギー準位の軌道（反結合性分子軌道）が生じ,そこに電子を受け入れるような配位子のことである.例えば,$[Cr(bipy)_3]^0$の場合,形式的にはCr^0と三つのビピリジル（bipy）か,あるいはCr^{3+}と三つの$bipy^-$のどちらとも考えることができる.このような場合には,分光学的実験データにより決定する必要がある.

主原子価と副原子価

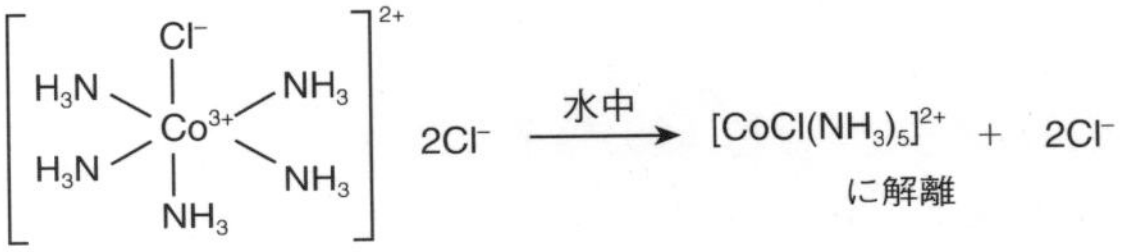

$$[\text{Co}^{3+}(\text{NH}_3)_5\text{Cl}]^{2+} \cdot 2\text{Cl}^- \xrightarrow{\text{水中}} [\text{CoCl}(\text{NH}_3)_5]^{2+} + 2\text{Cl}^-$$
に解離

コバルトの主原子価 = 3
副原子価 = 6

ボクは
ノーベル賞より
ヒマワリの種が
スキ

図 4-8

$[\text{Cr}(\text{bipy})_3]^0$ 　　$\begin{cases} \text{Cr}^0 & 0\text{価} \\ 3\text{bipy} & 0\text{価} \end{cases}$

または

$\begin{cases} \text{Cr}^{3+} & +3\text{価} \\ 3\text{bipy}^- & -1\text{価} \end{cases}$

bipy = (2,2'-ビピリジン構造)

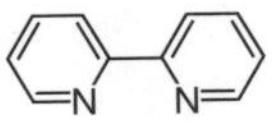

図 c

第6節 超原子価

分子を構成している原子価電子の数が，原子価軌道の数を超えているような分子を超原子価分子という．このような分子では，一つの結合に 2 個以上の価電子が使われている．

1 SH$_6$

八面体の SH$_6$ 分子は，10 個の原子価軌道に 12 個の原子価電子を持つ．すなわち原子価軌道の数は，S の sp^3 により 4，6H の 1s により 6，合計 10 となる．この分子では，図 4-9 のように三中心四電子結合が，トランス位にある 2 個の水素原子の s 軌道と硫黄の p$_z$ 軌道との間に形成されると考える．また，この三中心四電子結合は，図 4-10 のように共鳴構造式によっても表すことができる．

2 XeF$_2$，XeF$_4$

キセノンは希ガス元素の一つであり，本来反応性の低い元素であるが，(Kr)(5s)^2(4d)^{10}(5p)^6 と外殻電子を多く持ち，これらの電子を失うことで陽イオンとなり，キセノン化合物を形成することができる．

図 4-11 に示すように，フッ化キセノン(II)，XeF$_2$ は直線状の分子で，F-Xe-F が三中心四電子結合を作っている．フッ化キセノン(IV)，XeF$_4$ は，キセノン原子を中心にして正方形をとる．この場合も，F-Xe-F が三中心四電子結合を作っている．フッ化キセノン(VI)，XeF$_6$ は，4 量体や 6 量体として存在する．

3 HF$_2^-$

水素結合のうち，最も結合の強いものは **HF$_2^-$ である**．これは，F－H－F$^-$ のイオンの状態にあるが，これも三中心四電子結合である．すなわち，図 4-12 に示すように二つのフッ素の (2p)^5 と水素の (1s) の作る陰イオンであるので，七つの軌道に 12 個の電子が関わっている．8 個は非共有電子対となっているので，後の 4 個の電子が F－H－F の結合を作っている．

SH_6

原子価軌道
S の sp^3 ··· 4
6H の 1s ··· 6
―――――
計 10

<

原子価電子
S : 6
6H : 6
―――――
計 12

S の sp^3

三中心四電子結合

図 4-9

図 4-10

XeF_2, XeF_4

F^- ―― Xe^{2+} ―― F^-
　　2.00Å

Xe^{4+}, 1.95Å

$Xe = (Kr)(5s)^2(4d)^{10}(5p)^6$

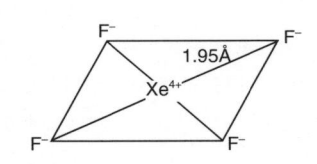

図 4-11

HF_2^-

軌道
$2 \times (2p) = 6$
$(1s) = 1$
―――――
　　7

価電子 5
$(2p)^5$ (1s) $(2p)^5$

電子数
$11 + 1 = 12$ → 8 個
　↑　　　　非共有電子対
　イオン
　　　　　↓
　　　　　残り 4 個が三中心四電子結合

図 4-12

column ヘリウム

　ヘリウムは原子量 4 であり，ガスとしての単位体積重量は水素ガス（分子量 2）の 2 倍であるが，空気中の浮力に大きな差はなく，爆発性のある水素ガスより安全なため，気球などのガスとして用いられる．しかしヘリウムの産地はごく限られており，多くは米国テキサス州の油田から採集する．もちろん，日本もそこから買っている．

　飛行船全盛の 1937 年，ドイツの巨大飛行船ヒンデンブルグ号がアメリカ，レークハースト空港に到着した際に火災を起こした．この悲惨な事故は，記録映画にも残って有名であるが，あの飛行船には水素ガスが詰められていた．ナチの台頭を嫌ったアメリカがドイツにヘリウムを売らなかったせいともいう．

　現代化学にとってもヘリウムは欠かせないものである．それは極低温が得られるからである．液体窒素の沸点は 77 K であり，それより低い温度は液体ヘリウムを使わなければ達成できない．第 7 章第 7 節で見るように，超伝導性は極低温の領域でしか発現しない．実験室的には，超伝導の臨界温度は 160 K！の高温に達しているとはいえ，実用的な超伝導性はやはり数 K の極低温を必要とする．

　超伝導状態では電気抵抗なしに大電流を流せるため，非常に強力な電磁石（超伝導磁石）を作ることができる．JR が開発中のリニアモーターカーは超伝導磁石を利用するものであり，時速 5 百数十キロの速度に達している．

　化学の研究に欠かせない実験装置に核磁気共鳴装置というものがある．これは強力な磁場に分子を置いたとき，原子核のエネルギーが二つに分裂することを利用して分子の構造を解析するものである．40 年前は永久磁石を用いていた．35 年前に電磁石となり，30 年前からはもっぱら超伝導磁石である．

　医療現場で脳の断層写真を撮るのに使われる MRI も，原理的には核磁気共鳴装置と同じものである．

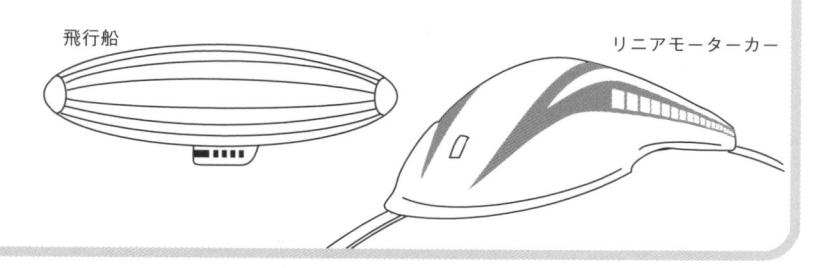

飛行船　　　　　　　　　　　　　　　　リニアモーターカー

第II部 結合と構造

5章 化学結合

自然界の多くの物質は分子からできており，分子は原子からできている．原子をつないで分子とする力を化学結合，あるいは単に結合という．結合には多くの種類がある．結合には原子をつなぐものだけでなく，分子をつなぐものもある．水素結合やファンデルワールス力といわれるものなどがそうである．

ここでは無機分子を作る化学結合に絞って見て行くことにする．

第1節 イオン結合

イオン結合は陽イオンと陰イオンとの間の結合である．典型的なものとして食塩 NaCl を作るナトリウムイオン Na^+ と塩化物イオン Cl^- の間の結合があげられる．

1 クーロン力

イオン結合は本質的には陰陽両電荷の間のクーロン力である．したがって，結合力（引力）の強さは両電荷の間の距離にのみ関係する．これは図 5-1 に示したとおり，塩化物陰イオンの周りにあるナトリウムイオンなら，距離さえ同じなら，たとえ何個あろうと同じ強さの引力で引きつけられ，また両電荷間の角度にも影響されないことを意味する．

このように，結合する相手の個数を限定しないことを飽和性がないということで，**不飽和性**といい，原子間の角度に影響されないことを**無方向性**という．したがって，食塩の分子 NaCl というものは仮想的なものにすぎない．食塩の結晶は同数の Na^+ と Cl^- の集団と考えるべきものである．これは後で述べる共有結合と比較するとき，イオン結合の大きな特徴となる．

2 イオン結晶

イオン結合する物質は常温で結晶であることが多い．これは結合の無方向性，不飽和性によって多数のイオンどうしが緊密に引力を及ぼしあっていることと一致する．したがってイオン結合からなる結晶は固く，変形しにくい．これは同じような結晶でも，金属結晶と比べると大きな違いとなっている．

化学結合

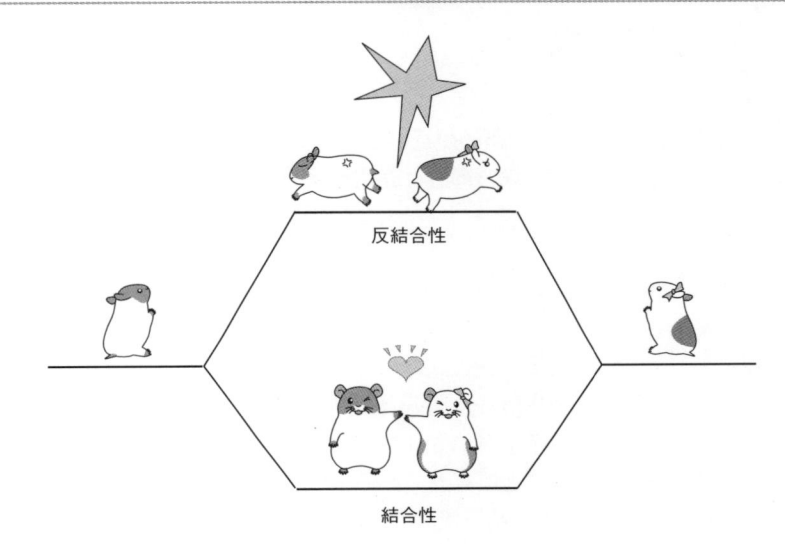

反結合性

結合性

クーロン力

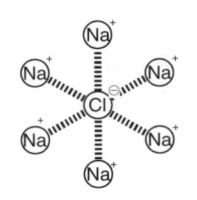

Na⁺ ——クーロン力—— Cl⁻

飽和性なし
方向性なし

図 5-1

イオン結晶

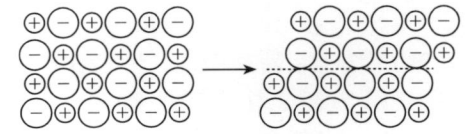

図 5-2

第2節 共有結合

共有結合は結合する 2 個の原子が互いの電子を共有し合うことによって成立する結合である．共有結合には方向性と飽和性がある．

1 電子の共有

図 5-3A は 2 個の水素原子から水素分子ができる概念図である．

2 個の水素 H_A，H_B の電子をそれぞれ，白丸，黒丸で表す．結合形成に伴って水素原子の 1s 軌道が互いに重なり，結合ができ上がると両電子は結合電子となる．この結合電子の片方は H_A から来た白丸であり，もう片方は H_B の黒丸である．このように，分子において H_A と H_B は互いの電子を出し合い，その結果両電子を共有し合うことになる．このような結合を**共有結合**という．

図 B は原子と分子における**電子密度**の変化である．原子では電子は原子核の周りに存在する．しかし，分子になると両原子の間に存在することになる．これが**結合電子**と呼ばれる所以である．

2 σ（シグマ）結合

共有結合は 3 種類ある．σ（シグマ）結合，π（パイ）結合，δ（デルタ）結合である．この 3 種の結合が組み合わさることによって一重結合，二重結合，三重結合ができる．

σ 結合は前項の水素分子を作った結合である．σ 結合の特色は結合電子雲が結合軸の周りにだけ存在することである．σ 結合は s 軌道と s 軌道の間だけでなく，図 5-4 に示したように s 軌道と p 軌道の間，あるいは p 軌道どうしの間にも形成される．

3 結合回転

σ 結合の特色は結合電子雲が結合軸の周りにだけ存在することであった．このことは結合の回転可能という現象となって現れる．

原子 A と B が図 5-5 のように結合していたとしよう．結合を丸い棒で表す．A の向きを固定したまま B を回転させてその向きを変えることができるとき，この結合は回転可能であるという．**σ 結合はこのような回転可能な結合である**．

電子の共有

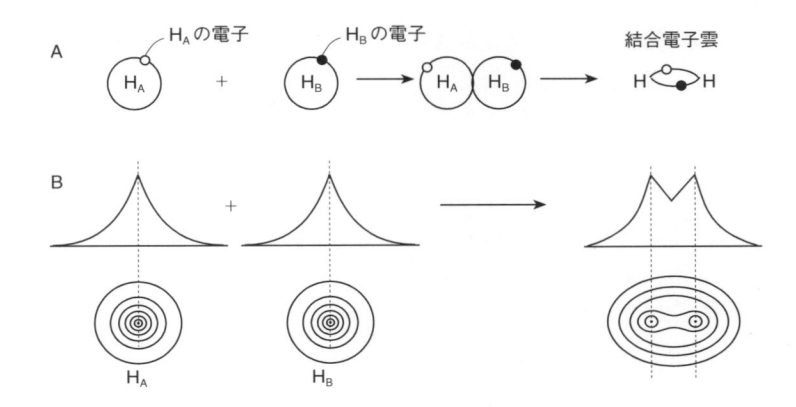

A

H_A の電子 + H_B の電子 → H_A H_B → 結合電子雲 H◯●H

B

図 5-3

σ結合

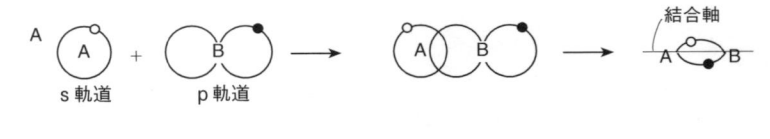

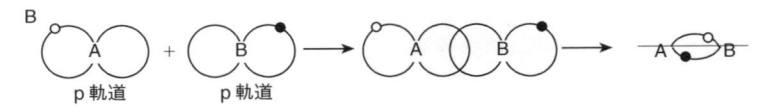

A s軌道 + p軌道 → → 結合軸 A-B

B p軌道 + p軌道 → → A-B

図 5-4

結合回転

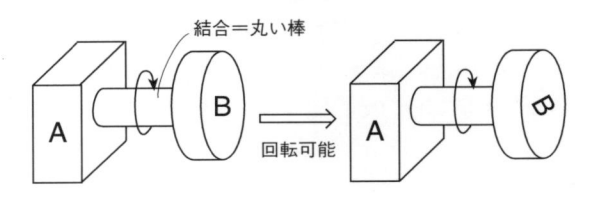

結合＝丸い棒

A — B ⟹ A — B

回転可能

図 5-5

4 π（パイ）結合

典型的な π 結合は 2 本の p 軌道の間に形成されるものであり，図 5-6A, B, C に示したものである．

これはみたらし団子を例にして考えるとわかりやすい．1 本の p 軌道を 1 本のくしに 2 個のみたらし団子が刺さったものと考えよう（図 A）．このようなみたらし 2 くしを互いに接するように並べたら，お団子はわき腹をくっつけることになる（図 B）．これが π 結合である．みたらしが接する場所は結合軸の上下に 2 箇所あることから，π 結合の電子雲は結合軸の上下 2 箇所に存在することになる（図 C）．

π 結合はこのほか，図 D, E, F に示したように p 軌道と d 軌道の間，あるいは図 G, H, I のような d 軌道どうしの間にも形成される．

いずれの場合にも，π 結合電子雲は結合軸の上下 2 箇所に存在することになる．そして，この 2 箇所の結合電子雲がそろった場合に初めて π 結合になる．例えば上だけの電子雲なら半分の π 結合，ということにはならない．そのようなものは結合ではない．

5 結合回転

π 結合の特色は回転が不可能なことである．図 5-7 にそのようすを模式的に示した．σ 結合では両原子を結ぶ結合は丸い棒であった．だから σ 結合は回転できた．π 結合では結合は四角い棒である．これでは回転できない．後に述べるように，π 結合は回転できないので，**π 結合を含む二重結合も回転できない**ことになる．

6 δ（デルタ）結合

無機化合物の特色の一つは結合に d 軌道が参加している場合があることである．δ 結合はそのような結合の一つである．図 5-8 に示したように，2 本の d 軌道が互いに重なるようにして作った結合である．したがって d 軌道の重なりが 4 箇所でできることになり，それに伴って結合電子雲も 4 箇所で形成されることになる．

同じように 2 本の d 軌道で形成された結合でも，π 結合では d 軌道が並ぶようにして形成され，軌道の重なりは 2 箇所だけであったことと比べると両者の違いがよくわかる．

π結合

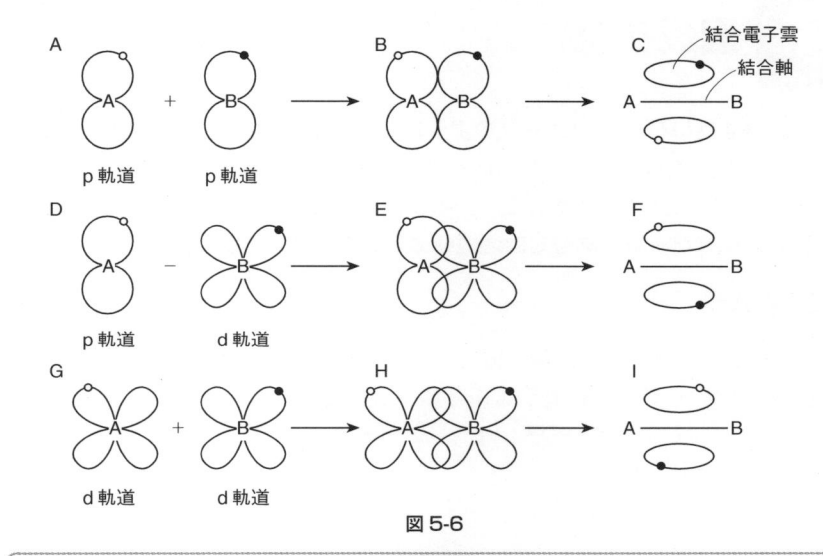

A p軌道 + p軌道 → B → C 結合電子雲 / 結合軸 A━━B

D p軌道 − d軌道 → E → F A━━B

G d軌道 + d軌道 → H → I A━━B

図 5-6

結合回転

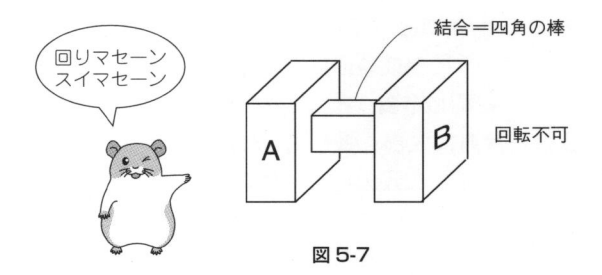

回りマセーン
スイマセーン

結合＝四角の棒
回転不可

図 5-7

δ結合

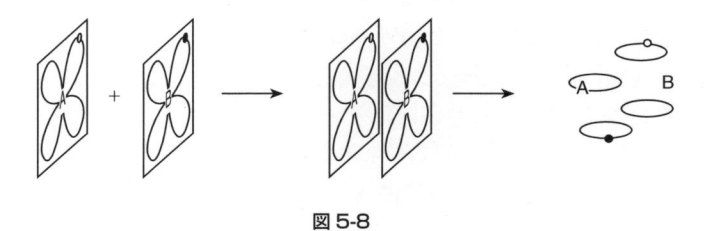

図 5-8

第3節 混成軌道

混成軌道は合いびきハンバーグのようなものである．s 軌道を豚肉ハンバーグ，p 軌道を牛肉ハンバーグとしたとき，この両方を混ぜて作り直したハンバーグが合いびきハンバーグである．s 軌道と p 軌道を混ぜて新しく作り直した軌道が混成軌道である．本書では混成軌道を太線で表すことにする．

1 原子価状態

安定な基底状態では原子の電子配置は原子価状態となっている．図 5-9A は原子価状態での s 軌道，p 軌道のエネルギー準位である．エネルギーの低い s 軌道が 1 本と，エネルギーの高い p 軌道が 3 本存在する．3 本の p 軌道はその向きに応じて p_x, p_y, p_z であり，エネルギーはすべて等しい．軌道の形は図 B, C に示したとおりである．

2 sp 混成軌道

sp 混成軌道は 1 本の s 軌道と 1 本の p 軌道から作られたもので，2 本の混成軌道からなる．このように混成軌道はその原料軌道（1 本の s 軌道と 1 本の p 軌道，計 2 本）と同じ本数（2 本）だけ形成される．各混成軌道は図 5-10A に示したように片方に大きく張り出した形となっている．2 本の混成軌道は図 B に示したように互いに反対向き（角度 180°）となる．

3 BeH$_2$

sp 混成軌道を使って結合している分子の例として水素化ベリリウム BeH$_2$ をあげよう．Be の電子配置は図 5-11A に示したとおりである．sp 混成状態では 2 個の価電子は 2 本の sp 混成軌道に 1 個ずつ入る．

結合状態を表したのが図 B である．sp 混成軌道に入った Be の電子（黒丸）と水素 1s 軌道の電子（白丸）が結合電子となって，2 本の Be—H 結合を作る．この結合は Be と H が互いに電子を出し合って共有し合っているから共有結合である．角度 HBeH は混成軌道の角度，180°である．

このように，**共有結合では方向性（180°）と飽和性（2 個の水素原子とのみ結合）が現れる**．

原子価状態

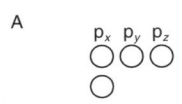

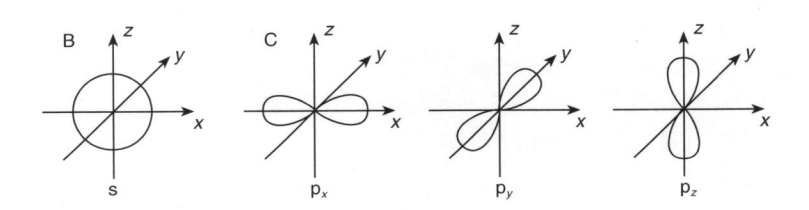

図 5-9

sp 混成軌道

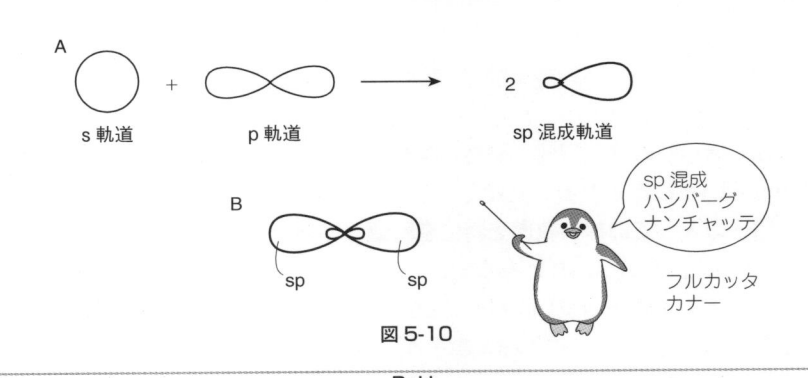

図 5-10

sp 混成
ハンバーグ
ナンチャッテ

フルカッタ
カナー

BeH₂

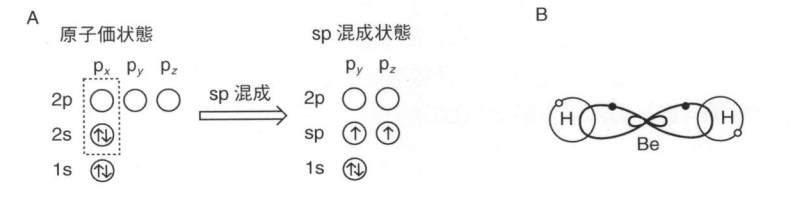

図 5-11

4 sp^2 混成軌道

　1本のs軌道と2本のp軌道が混成してできるのがsp^2混成軌道である．合計3本の軌道が混成に関与するので，その結果できるsp^2混成軌道も3本ということになる．

　各混成軌道の形はsp混成軌道とほぼ同じであり，一方向に大きく張り出した形である．混成軌道のこのような形は，結合を作る相手の軌道と効率よく重ね合わせることができ，強固な結合を作るのに都合がよい．

　3本の混成軌道は図5-12Bに示したように，**すべて一平面上にあり，互いに120°の角度**を保って配置される．

5 BH_3

　sp^2混成軌道を使った分子の例として，水素化ホウ素BH_3の構造を見ることにしよう．

　Bの電子配置を図5-13Aに示した．2s軌道と2本のp軌道，p_x, p_y軌道を使ってsp^2混成軌道を作る．3個の価電子は3本のsp^2混成軌道に1個ずつ入る．したがって不対電子が3個あることになるので3本の共有結合を作ることが可能である．

　注意してほしいのは，混成に関与しなかった1本のp軌道，p_z軌道がそのまま残っていることである．ただし，この軌道には電子が入っていない．このように**電子の入っていない軌道を特に空軌道**という．

　結合状態は図Bに示したとおりである．Bの3本のsp^2混成軌道にHの1s軌道が重なって3本のB−H結合が生成する．各B−H結合には，Bから来た黒丸電子とHから来た白丸電子が存在するので，これらの結合は共有結合であることになる．

　結合角度HBHは，sp^2混成軌道のなす角度に等しいから120°である．したがって分子の形はBを中心とした平面正三角形ということになる．このように**分子の形は分子を構成する原子核を結んだ線が表す図形で考えられ，軌道の形や電子（雲）の形は考慮されない**（90ページのコラム参照）．

sp² 混成軌道

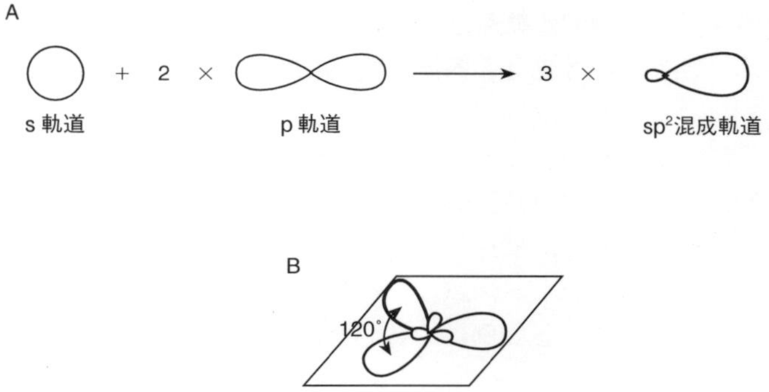

A

s 軌道 + 2 × p 軌道 → 3 × sp² 混成軌道

B

120°

図 5-12

BH₃

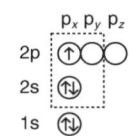

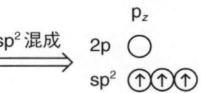

A

原子価状態 → sp² 混成 → sp² 混成状態

$p_x\ p_y\ p_z$
2p (↑)( )( )
2s (↑↓)

p_z
2p ( )
sp² (↑)(↑)(↑)
1s (↑↓)

B

p_z（空軌道）

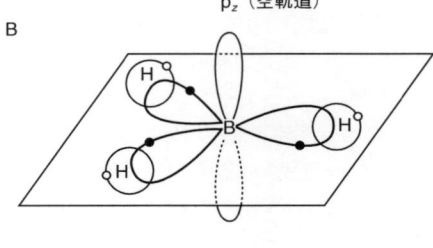

図 5-13

6 sp³ 混成軌道

sp³ 混成軌道は，1 本の 2s 軌道と 3 本の 2p 軌道の合計 4 本の軌道から**作られる**もので，全部で 4 本ある．各混成軌道の形は sp 混成軌道の形にほぼ等しい．

混成軌道の配置は図 5-14B に示した．**それぞれの軌道は原子核から互いに 109.5°の角度を保って突きだしている**．4 本の混成軌道の先端を結ぶと正四面体となる．この形は，海岸に積んである波消し用のコンクリートブロック，テトラポットを思い出すとよい．

軌道間の角度 109.5°は，正四面体の体心と各頂点を結んだ線（頂点方向）の角度である．

7 SiH_4

sp³ 混成軌道を使った分子の例は水素化ケイ素 SiH_4 である．電子配置は図 5-15A に示したとおりである．4 個の価電子は 4 本の混成軌道に 1 個ずつ入る．

結合状態は図 B のとおりである．Si の黒丸電子と H の白丸電子とからなる 4 本の共有結合は互いに 109.5°の角度を持つ．したがって，分子の形は正四面体形となる．

---

column　水素吸蔵金属

スポンジは水を吸うし，諸君の頭脳は知識を吸収する（本当ですよ）．金属は何を吸収するか．何と水素ガスを吸収する金属があるのである．金属は金属原子が規則正しく積み重なったものである（第 7 章第 5 節参照）．金属原子は大きく，水素原子は小さい．ちょうどミカンが詰まったミカン箱にビー玉を入れるようなものである．箱はミカンでいっぱいになっていても，ビー玉はミカンのすき間にに入って行く．水素分子はこのように金属原子のすき間に詰まり，さらには金属原子を押しのけるように無理やり入って行く．

マグネシウムとニッケルの合金は重量の約 3.5 % にあたる水素を吸収する．これは 100 g の合金が 3.5 g，すなわち 1.8 mol，なんと 22.4 × 1.8 = 40 L もの水素を吸収することになる．水素を用いた燃料電池が近い将来のエネルギー源として有望であるが，水素吸蔵金属はそのための水素貯蔵体として注目されている．

sp³混成軌道

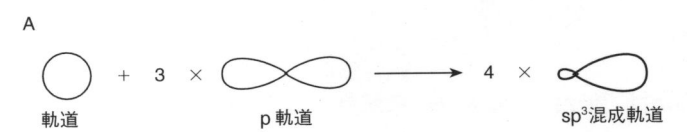

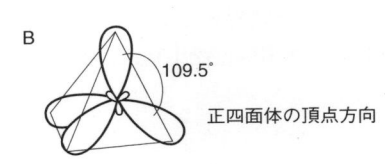

A

軌道 + 3 × p軌道 ⟶ 4 × sp³混成軌道

B

109.5°
正四面体の頂点方向

図 5-14

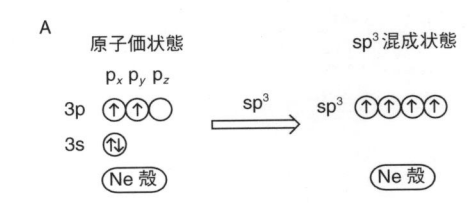

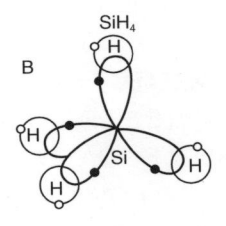

SiH₄

A 原子価状態　　　　　　　　sp³混成状態

　　　　$p_x\ p_y\ p_z$
3p　↑↑○　　　$\xrightarrow{sp^3}$　　sp³ ↑↑↑↑
3s　↑↓
　(Ne 殻)　　　　　　　　　(Ne 殻)

B
SiH₄

図 5-15

第4節 多重結合

σ結合だけで結合した結合を一重結合という．1本のσ結合と1本のπ結合とで二重に結合した結合を二重結合という．1本のσ結合と2本のπ結合とで三重に結合した結合を三重結合という．一重結合を飽和結合，二重，三重結合を多重結合あるいは不飽和結合ということもある．

1 三重結合

三重結合の例は窒素分子である．

窒素原子の電子配置は図5-16に示したとおりである．5個の価電子のうち3個は3本のp軌道，p_x, p_y, p_zに1個ずつ入る．したがって窒素原子は3本の共有結合をすることが可能であるが，1本はσ結合をし，ほかの2本はπ結合をする．どのp軌道がどの結合をするかは図に示したとおりである．

窒素分子の結合状態を示したのが図5-17Aである．2本のp_x軌道が第2節図5-4で示したp–p σ結合を形成する．2組の互いに平行な軌道，p_yどうし，p_zどうしはそれぞれπ結合を形成する．その結果を見やすく表示したのが図Bである．このようにπ結合は細身に描いたp軌道を線で結んで表す．

窒素分子の結合は1本のσ結合と2本のπ結合とで結合した三重結合である．

2 二重結合

二重結合の例は酸素分子である．酸素原子の電子配置は図5-18のとおり，p_x, p_z軌道に1個ずつ，そしてp_y軌道に2個入っている．このように，**1本の軌道に2個入った電子を非共有電子対と呼び，共有結合には関与できない**．したがって酸素原子で結合に参加できる軌道はp_xとp_z軌道だけである．

酸素分子の結合を表したのが図5-19Aである．p_x軌道でp–p σ結合を作り，p_z軌道でπ結合を作る．このように酸素分子の結合は1本のσ結合と1本のπ結合からなる二重結合である．そのようすは図Bに示したとおりである．酸素分子には非共有電子対が存在していることになる．

三重結合

Nの電子配置

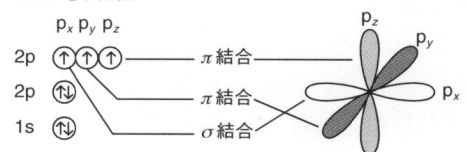

2p ↑↑↑ —— π結合
2p ↑↓ —— π結合
1s ↑↓ —— σ結合

図 5-16

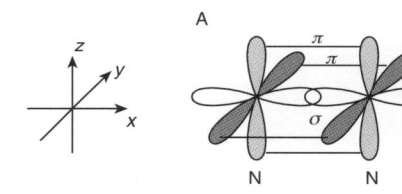

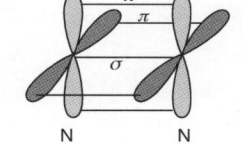

A　B

図 5-17

二重結合

Oの電子配置

2p ↑↑↓↑ —— π結合
2s ↑↓ —— 非共有電子対
1s ↑↓ —— σ結合

図 5-18

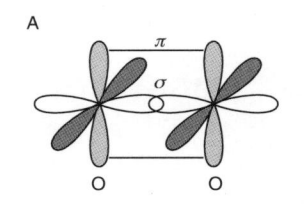

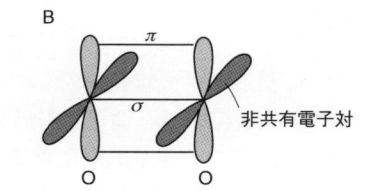

A　B　非共有電子対

図 5-19

第4節◆多重結合

第5節 分子軌道法

分子軌道法は分子の結合，物性，反応性を考えるときの一つの方法論である．原子の電子が軌道に入っていたのと同様，分子にも軌道があるとし，その軌道に電子が入ると考える．

1 原子軌道と分子軌道

図 5-20 は水素原子から水素分子ができるようすを表したものである．

水素原子の電子は 1s 軌道に入る．このような原子に属する軌道を原子軌道といい記号 φ（ファイ）で表す．分子ができるには原子軌道が重なり，それが分子全体にまたがる新しい軌道に変化すると考える．この軌道を分子に属する軌道ということで分子軌道（MO, Molecular Orbital）といい，記号 ψ（プサイ）で表す．

2 軌道エネルギー

2 本の原子軌道が関与する結合には 2 本の分子軌道ができる．そのようすを表したのが図 5-21 である．

2 本の原子軌道 φ_A, φ_B から 2 本の分子軌道 ψ_a, ψ_b が生じている．原子軌道のエネルギー，今の例なら 1s 軌道のエネルギーを α とすると，分子軌道 ψ_a, ψ_b のエネルギーはそれぞれ α より β だけ不安定化，安定化していることになる．**安定化した軌道 ψ_b を結合性軌道（Bonding Orbital），不安定化した軌道 ψ_a を反結合性軌道（Antibonding Orbital）という**．反結合性軌道を考慮するのが分子軌道法の特徴であり，分子軌道法理論の成功のカギとなっている．

3 軌道関数

結合性軌道関数は原子軌道関数の和で表され，反結合性軌道関数は差で表される．各々の軌道における電子雲の形は図 5-22 で表される．肝心なことは，**結合性軌道では二つの原子の間に電子雲が存在して結合電子雲となっている．それに対して，反結合性軌道では原子間に電子が存在せず，結合形成に何ら寄与していない**ことである．実は寄与しないどころではなく，反結合性軌道は結合を壊すように働く．その意味で反結合性軌道という名称は正しい．

原子軌道と分子軌道

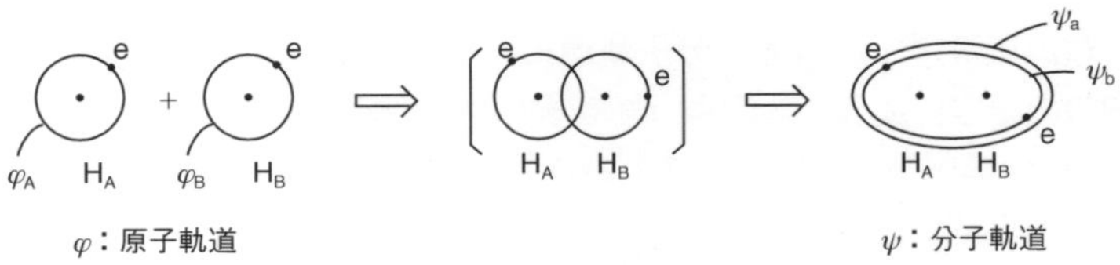

φ：原子軌道 ψ：分子軌道

図 5-20

軌道エネルギー

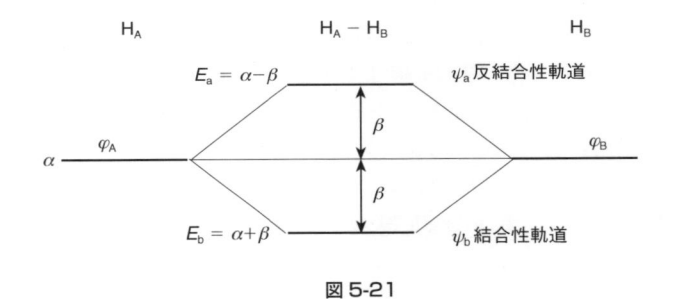

$E_a = \alpha - \beta$ ψ_a 反結合性軌道

α φ_A φ_B

$E_b = \alpha + \beta$ ψ_b 結合性軌道

図 5-21

軌道関数

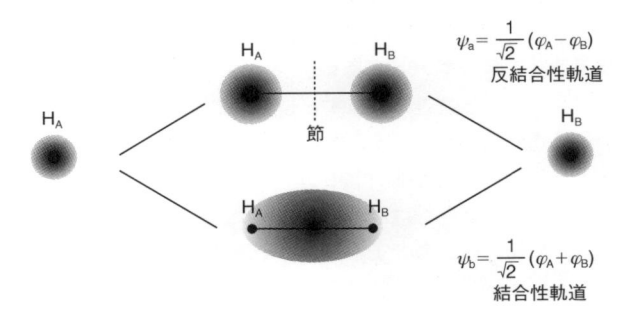

$\psi_a = \dfrac{1}{\sqrt{2}}(\varphi_A - \varphi_B)$
反結合性軌道

節

$\psi_b = \dfrac{1}{\sqrt{2}}(\varphi_A + \varphi_B)$
結合性軌道

図 5-22

4 電子配置と結合エネルギー

　分子軌道には電子が入る．**分子軌道に電子を配置するときにも第 2 章第 1 節の四つの原理に従う**．そのようすを表したのが図 5-23 である．

　図 A の水素分子について考えてみよう．水素原子には電子が 1 個入っている．それを原子軌道に配置した．合計 2 個の電子はエネルギーの低い軌道，すなわちエネルギー $\alpha + \beta$ の結合性軌道に入る．

　原子状態と分子状態での電子の持つエネルギーを計算した．分子状態のほうが 2β だけ安定化していることになる．これが水素分子の結合エネルギーということになる．

　図 B は同じことをヘリウム分子に適用したものである．ヘリウム原子は 2 個の電子を持つのでヘリウム分子には 4 個の電子が存在することになる．2 個は結合性軌道に入れるが残りの 2 個はエネルギーの高い反結合性軌道に入らざるをえない．その結果，結合エネルギーは 0 となる．すなわち，結合しても何らエネルギー的に有利にならない．むしろ原子核間の反発などで不利になる．これがヘリウム分子の存在しない理由である．

　このことが，結合性軌道が作った結合を反結合性軌道が壊しているといわれる所以である．

column　軌道エネルギーと結合距離

　図 C は水素分子の原子間距離 r と軌道エネルギーの関係を表したものである．原子間距離が離れている場合には各々の原子として存在しているので，軌道エネルギーは原子軌道エネルギー α である．

　原子が近づいてくると軌道エネルギーも安定化し，ある距離 r_0 で極小をとり，その後，原子核間反発などで不安定化し，エネルギーは上昇する．この極小値を与える距離 r_0 が分子における原子間距離，すなわち結合距離ということになる．

　軌道エネルギーを表す曲線はもう 1 本ある．エネルギーの上がり続ける曲線である．これが反結合性軌道のエネルギーである．そして，結合距離 r_0 の所での両軌道のエネルギーが図 5-21 で見たエネルギー，$\alpha + \beta$ と $\alpha - \beta$ となっているわけである．

電子配置と結合エネルギー

A　水素分子　H_2

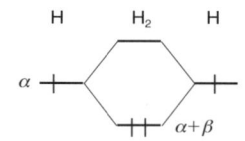

結合前（原子）　$E = 2 \times \alpha$
結合後　　　　$E = 2(\alpha+\beta)$
$\Delta E = 2\beta$

結合によって安定化したエネルギー
結合エネルギー $= 2\beta$

B　ヘリウム分子　He_2

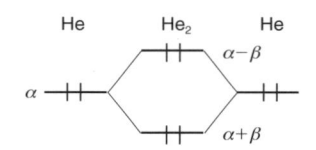

結合前（原子）　$E = 4 \times \alpha$
結合後　　　　$E = 2(\alpha+\beta)+2(\alpha-\beta)$
$\Delta E = 0$

結合による安定化がない
He は分子を作らない

図 5-23

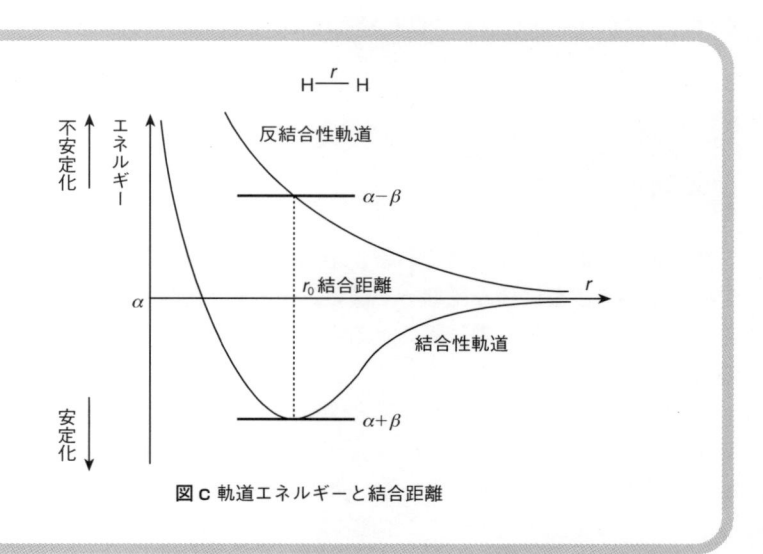

図 C　軌道エネルギーと結合距離

第6節 配位結合

　配位結合は共有結合の変形とも考えられる．
　図 5-24 に示したように原子 A と B が共有結合するときには，両方の原子が 1 個ずつ電子を出し合い，それを共有した．それに対して配位結合では片方の原子だけが2個の電子すべてを供給している．
　図の原子 C と D の結合を見てみよう．原子 C は 2 個の電子，すなわち非共有電子対を持っている．それに対して原子 D は電子を持っていない，すなわち空軌道になっている．この非共有電子対軌道と空軌道が重なったらどのようになるであろうか．そのようすを表したのが配位結合の図である．
　AB 間の共有結合と CD 間の配位結合の違いはどこにあるだろうか．
　共有結合では A，B 両方が電子を出し合っていた．2 個の結合電子は 1 個は A の電子であり，1 個は B の電子であった．それに対して**配位結合では 2 個の電子はすべてが C の電子であり，原子 D に属していた電子は存在しない**．これが共有結合と配位結合の違いである．
　でき上がった結合を比較してみよう．電子は C の電子も D の電子もすべて同じである．結合 CD は 2 個の結合電子雲で構成されている．共有結合と何ら変わりはないことになる．配位結合は第 8 章で説明する錯体を構成する結合として，無機化学では重要な結合である．

第7節 金属結合

　多くの金属は常温で結晶である．結晶中では金属原子はまるでテニスボールを積み重ねるように積み重なっている．その間を価電子の電子雲がまるで水のように満たしている．電子雲の水の中にテニスボールを積み重ねたのが金属結晶のイメージである．
　この価電子はどの原子に属するということなく，**自由電子**として金属結晶中に漂う．この自由電子が金属の性質を決定する．自由電子が特定方向に動けば電流となる．金属の**伝導性**である．図 5-25 に示したように電子雲につかった原子のボールは比較的たやすく位置を変えることができる．これが金属の**展性**，**延性**の原因である．

配位結合

共有結合

A ◯ + ● B ⟶ A ◯● B
　　　　　　　　　　　Aの電子
　　　　　　　　　　　Bの電子

配位結合

C ◯ + ⸺ D ⟶ C ◯◯ D
非共有電子対　空軌道　　　　Cの電子

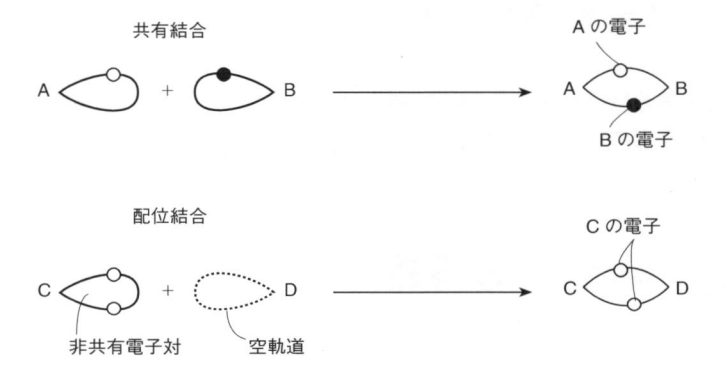

図 5-24

金属結合

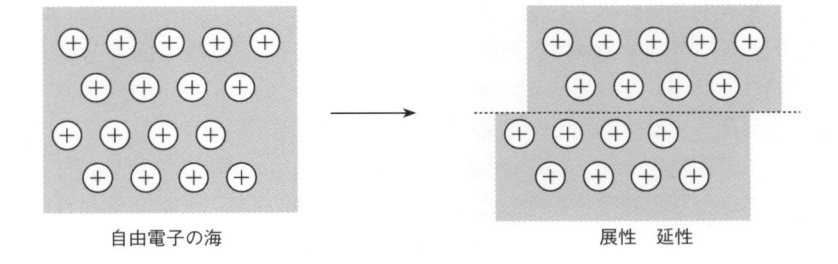

自由電子の海 → 展性　延性

自由電子
電気
アーラヨット！
電気一丁！

図 5-25

6章 無機分子の構造

　分子の構造とは，分子の形態，電子構造，結合状態などを意味する．ここでは無機分子がどのような結合によって生成し，それがどのような形をしているかについて見て行くことにしよう．

第1節 水素化物の構造

　ある原子が水素原子と結合することによって生成した分子を水素化物という．水素化物の構造についてはすでに第5章第3節で，BeH_2，BH_3，SiH_4 について見てきた．各々 sp 混成，sp^2 混成，sp^3 混成の代表例であった．ここでは，水素化物のもう一つの代表的な例，アンモニア NH_3 について見てみよう．アンモニアの結合状態は，第5章第6節で見，また次節で改めて見ることになる配位結合を理解する上でたいせつなものでる．

　アンモニアを構成する N は sp^3 混成状態である．電子配置は図 6-1B に示したとおりである．4本の混成軌道に5個の価電子が入ることになるので，1本は非共有電子対となる．そのため N は3本の混成軌道を作れることになる．

　アンモニアの結合は図 C に示したとおりに進行する．電子が1個だけ入った軌道，すなわち不対電子を持った3本の sp^3 混成軌道に水素原子の 1s 軌道が重なり，3本の N−H 共有結合ができる．非共有電子対の入った混成軌道は結合に関与せず，そのままの形で残る．

　アンモニアの結合状態は図 D のようなものである．3本の N−H 結合のなす角度は sp^3 混成軌道の角度 109.5°に近いものとなる．

> **column　分子の形**
>
> 　分子の形は互いに結合した原子核を直線で結んだ結果浮かび上がる形をいう．電子雲の形，存在は問題にされない．アンモニアの例でいえば，非共有電子対の存在は分子の形には考慮されない．したがってアンモニア分子の形はN原子核と3個のH原子核を結んだ構造と考えられる．これは三角錐である．3枚の二等辺三角形と底の1枚の正三角形からなる三角錐である．正四面体ではないことに注意してもらいたい．

無機分子の構造

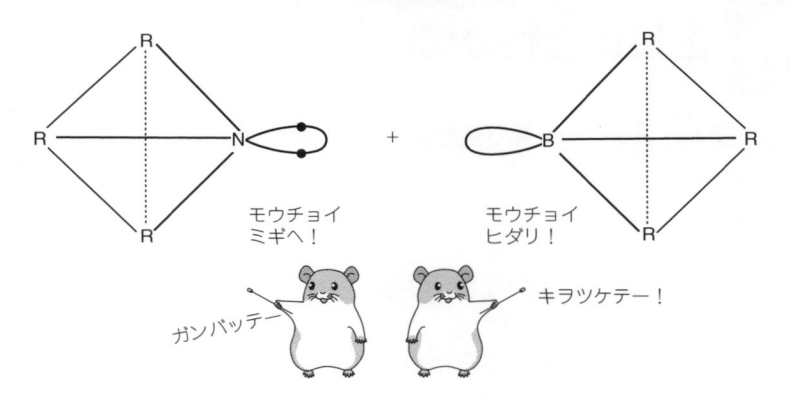

モウチョイ
ミギヘ！

モウチョイ
ヒダリ！

キヲツケテー！

ガンバッテー

水素化物の構造

A　三角錐

B

原子価状態　　　　　　sp³混成状態

2p ↑↑↑
2s ↑↓
1s ↑↓

sp³ ↑↓ ↑ ↑ ↑
1s ↑↓

NH結合
非共有電子対

C　　+ 3 H　→

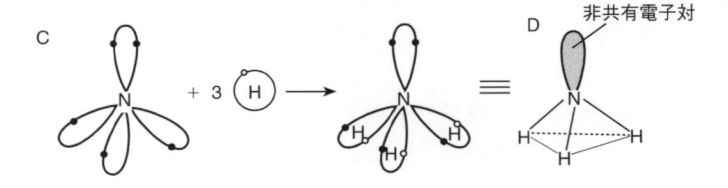

D　非共有電子対

図 6-1

091

第1節◆水素化物の構造

第2節 配位化合物の構造

配位結合は第 5 章第 6 節で見たように，非共有電子対と空軌道の間でできる結合である．

1 Li⁺BH₄⁻

水素化ホウ素リチウム $LiBH_4$ はリチウムイオン Li^+ と水素化ホウ素イオン BH_4^- からできている．図 6-2 に示したように，BH_4^- は水素化ホウ素 BH_3 と水素化物イオン H^- が反応してできたものと考えられる．

BH_3 の結合は第 5 章第 3 節で見たが，図 A のように sp^2 混成軌道による平面三角形分子である．しかし，配位結合を作るときには BH_3 は結合状態を変える．N と同じ sp^3 混成となるのである．したがって 4 本の sp^3 混成軌道に対して価電子は 3 個しかないので，1 本の sp^3 混成軌道は空軌道となる（図 B）．

図に示したように，BH_3 の空軌道と水素化物イオンの 1s 非共有電子対が重なると図 C となる．これが結合に移行したものが図 D であるが，**この新しい B−H 結合を構成する 2 個の電子はすべて H^- から供給されたものであり，したがってこの結合は共有結合ではなく配位結合である**．しかし，電子の由来をとがめなければ 4 本の B−H 結合は完全に等しいことになる．

BH_4^- の形は図 E で表されるものとなる．4 本の B−H 結合のなす角度は sp^3 混成軌道の角度と等しく，分子の形は正四面体となる．

2 分子間配位結合

配位結合のいちばんの特徴は分子間に形成されることである．独立の，完成した分子の間でどうして結合ができるのか，H_3N-BH_3 分子について見てみよう．

NH_3 の sp^3 混成軌道には非共有電子対が入り，BH_3 の混成軌道は空軌道となっている．この両者の間で結合を起こしたのが図 B である．でき上がった分子は図 C となる．非共有電子対と空軌道の間で配位結合が生成している．これは 2 個の結合電子でできた結合であり，電子がどこから来たかを問わなければ共有結合と同じである．

これは，分子 NH_3 と BH_3 の間で結合が生成したことを意味する．このように配位結合は分子と分子を結合して新たな分子を構成することができる．

Li⁺BH₄⁻

$$BH_3 + H^- \longrightarrow BH_4^-$$

A
2p ◯ 空軌道
sp² ↑↑↑

p_z 空軌道

B
sp³ ↑↑↑◯ 空軌道

空軌道

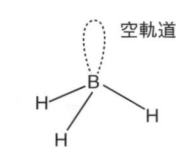

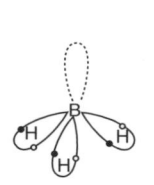

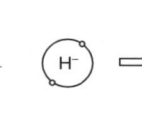

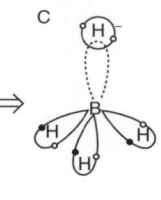

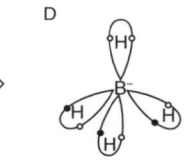

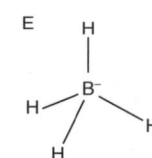

C

D   E

図 6-2

分子間配位結合

$$NH_3 + BH_3 \longrightarrow H_3N - BH_3$$

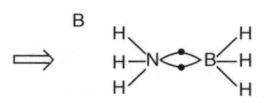

A   B

C

分子も結合スルノジャヨ

図 6-3

第3節 酸素化合物の構造

酸素原子を含む分子には興味深い構造のものが多い．若干の化合物について，その結合状態を見てみよう．

1 O_3 の構造

オゾン O_3 は図 6-4 に示すように中心角 117°の曲がった構造である．

各酸素原子の電子配置は図 6-4 のように考えられる．すなわち，両端の酸素は sp 混成，中央の酸素は sp^2 混成状態である．

中央酸素の 3 本の sp^2 混成軌道のうち 2 本には不対電子が入り，残りの 1 本には 2 個の電子が入って非共有電子対を構成する．そして混成に関与しなかった p 軌道にも 2 個の電子が入って非共有電子対を構成する．

両端酸素の sp 混成軌道は，1 本は非共有電子対を収容し，もう 1 本は不対電子を収容する．混成に参加しなかった 2 本の p 軌道も同様である．1 本は非共有電子対を，そしてもう 1 本は不対電子を収容する．

結合のようすは図 6-5A に示したとおりである．中央酸素の不対電子を収容した 2 本の sp^2 混成軌道と両端の酸素の不対電子を収容した sp 混成軌道とで σ 結合を作る．分子の折れ曲がり角度は中央酸素の sp^2 混成軌道の角度に近くなるから 117°の実測角度は説明できることになる．

2 非局在 π 結合

問題は各酸素原子上の p 軌道である．中央酸素では非共有電子対，両端酸素では不対電子が入っている．しかも，この 3 本の p 軌道は平行である．

図 6-6A に示したように，3 本の p 軌道が平行に並べば，この 3 本は先の第 5 章第 2 節のみたらし団子のたとえどおり，互いに横腹をくっつけることになる．すなわち，この 3 本の p 軌道は π 結合を作って互いに結合することになる．このように，**複数本の p 軌道に広がった π 結合を特に非局在 π 結合**ということがある．

図 B のように，O_3 の非局在 π 結合には全部で 4 個の電子（π 電子という）が入る．そして結合の中心になる原子は 3 個の酸素原子である．これは**三中心四電子結合**とでもいうべき結合である．以上をまとめた構造が図 6-5B である．

O₃ の構造

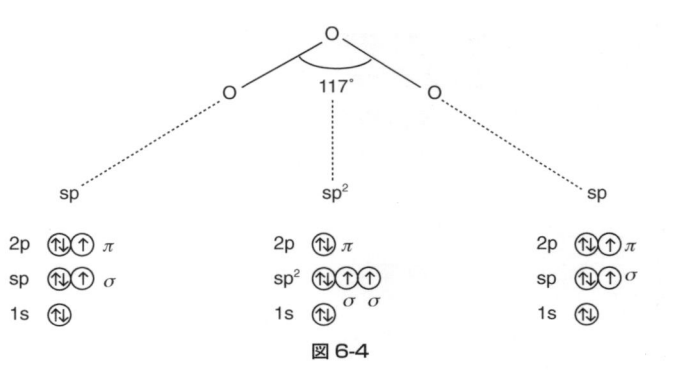

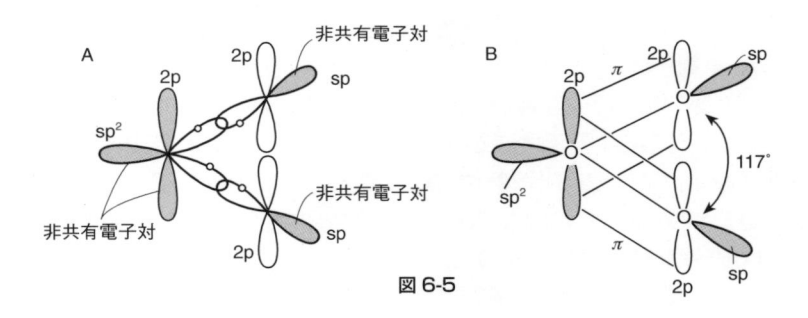

図 6-4

図 6-5

非局在 π 結合

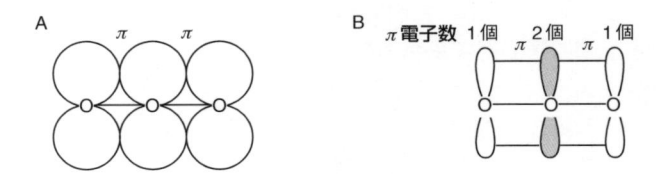

図 6-6

3 NO_2 の構造

二酸化窒素 NO_2 を構成する窒素原子は sp^2 混成であり，酸素原子は sp 混成である．各々の電子配置は図 6-7A に示したとおりである．窒素原子の 3 本の sp^2 混成軌道にはすべて不対電子が入り，混成に参加しなかった p 軌道には非共有電子対が入る．酸素原子の電子配置は前項のオゾンの両端の酸素と同様である．

結合状態を図 B に示した．オゾンの場合と同様にして 2 本の N–O σ 結合を形成する．3 原子にまたがる非局在 π 結合もオゾンと同様**三中心四電子結合**となっている．

4 結合分極

ところで，4 個の π 電子が 3 個の原子上に散らばるということは，1 個の原子上に 4/3 個の π 電子が存在するということである．酸素原子上にもともと存在した π 電子は 1 個である．ということは非局在 π 結合のおかげで酸素原子は 1/3 個の π 電子をよけいに受け取ったことになる．酸素は −1/3 の電荷を帯びたことになる．窒素は逆である．もともとは 2 個持っていた．それが 4/3 個になったのだ．2/3 個減ったことになる．窒素は + 2/3 の電荷を帯びたことになる．このような傾向まで含めて簡便な形に描いた構造が図 C である．$δ+$，$δ−$ は部分電荷を表す．$δ$ は 0 から 1 の間の適当な値を表す．

このように，**結合する原子の間でプラス，マイナスの電荷が生じていることを結合分極という．**

5 SO_2 の構造

二酸化硫黄 SO_2 の硫黄原子は sp^2 混成であり，酸素は sp 混成である．各々の電子配置は図 6-8A に示したとおりである．

結合状態は図 B のとおりである．NO_2 と同様の σ 結合であり，同様の三中心四電子型の非局在 π 結合である．したがって結合は分極しており，そのようすを表したのが図 C である．電子構造面での NO_2 との違いは，中心原子が NO_2 では不対電子を持つ（N・）のに対して SO_2 では非共有電子対（S：）を持つ，ということである．

NO₂の構造

A N：sp² 混成　　　　　　　　　　　　　　　O：sp 混成

p_x p_y p_z

2p ↑↓ ↑ ↑　　→ sp²　　2p ↑↓　　　　　　2p ↑↓ ↑
2s ↑↓　　　　　　　　　sp² ↑↓ ↑ ↑　　　sp ↑↓ ↑
1s ↑↓　　　　　　　　　1s ↑↓　　　　　　1s ↑↓

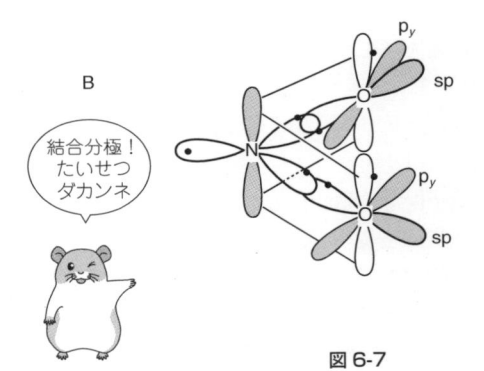

B 結合分極！たいせつダカンネ

C $\delta+$ N, $\delta-$ O, $\delta-$ O

図 6-7

SO₂の構造

A S (sp² 混成)　　　　　O (sp 混成)

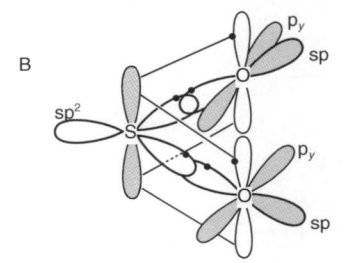

3p ↑↓　　　　　　　　2p ↑↓ ↑
sp² ↑↓ ↑ ↑　　　　　sp ↑↓

B

C $\delta+$ S, $\delta-$ O, $\delta-$ O

図 6-8

第3節◆酸素化合物の構造

第4節 d 軌道を用いた構造

有機化学と比べた場合，無機化学の特徴の一つは d 軌道を扱うことである．結合の様式も d 軌道が参加することで多彩なものとなる．

1 sp³d 混成軌道

五フッ化リン PF_5 の構造は図 6-9D に示したものである．三角両錐型である．すなわち 3 個のフッ素原子 F^1, F^2, F^3 とリン原子が同一平面上で正三角形を作り，残り 2 個のフッ素原子 F^4, F^5 がこの三角形の上下に存在する形である．

リン原子の原子価状態での電子配置は図 A のとおりである．窒素原子と同様に s 軌道に 2 個，3 本の p 軌道に各々 1 個ずつの電子が入る．PF_5 のリン原子は d 軌道を使って sp³d 混成となっている．第 5 章第 3 節で見たように混成軌道は原料軌道と同じ本数だけできる．したがって sp³d 軌道は 5 本あることになる．その電子配置を図 B に示した．ここではリンの持つ 5 個の価電子が 5 本の混成軌道に 1 個ずつ入っている．これは不対電子が 5 個存在することであり，5 本の共有結合を形成できることを意味する．

図 C は sp³d 混成軌道の配置を示す．5 本の軌道はまさしく PF_5 分子の構造のとおりに配置される．5 本の混成軌道に 5 個のフッ素が不対電子を持つ p 軌道を使って結合すれば図 D の分子が完成する．

2 sp³d² 混成軌道

先に第 3 章第 10 節で希ガス元素も分子を作ることを見，そこで四フッ化キセノン XeF_4 を見た．この分子でキセノン原子は sp³d² 混成をとっている．sp³d² 混成軌道は 6 本あり，そこにキセノンの 8 個の価電子を詰めると電子配置は図 6-10B となる．すなわち，6 本の軌道のうち 2 本には非共有電子対が入り，共有結合には参加できなくなる．

sp³d² 混成軌道の配置は図 C のとおりである．4 本はキセノン原子と同一平面に正方形型に存在し，残り 2 本はこの平面の上下方向に突き出る．そしてこの 2 本に非共有電子対が入る．したがって分子は図 D に示したように，角 FXeF が 90°の正方形分子となることが予想され，それは事実と一致する．

sp³d 混成軌道

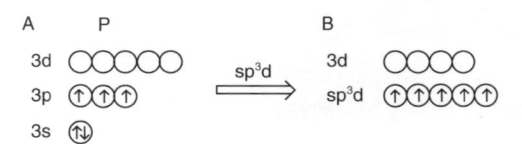

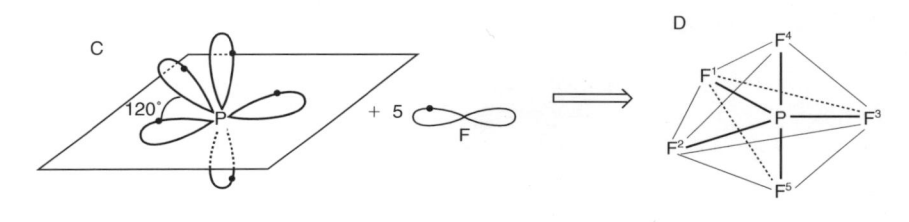

A　P
3d ○○○○○
3p ↑↑↑
3s ↑↓

⟹ sp³d

B
3d ○○○○
sp³d ↑↑↑↑↑

C
120° P　+ 5 ●—● F

⟹

D
三角両錐
F¹, F², F³, F⁴, F⁵ が P を中心に配置

図 6-9

sp³d² 混成軌道

A　Xe
6d ○○○○○
5p ↑↓↑↓↑↓
5s ↑↓

⟹ sp³d²

B
6d ○○○
sp³d² ↑↓↑↓↑↓↑↑↑

C
Xe + 4F

⟹

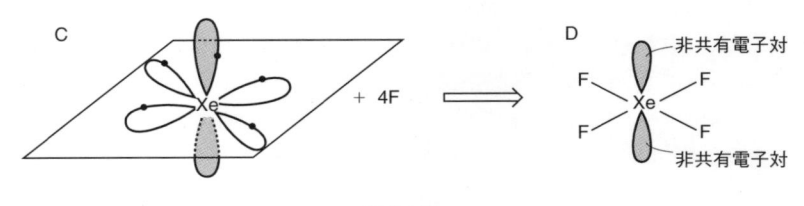

D
非共有電子対
F—Xe—F
F   F
非共有電子対

図 6-10

第5節 特殊な構造

先に第 3 節で見た三中心四電子型非局在 π 結合も特殊な結合であるが,そのほかにも特殊な結合がある.

1 三中心二電子結合

ホウ素原子は多彩な結合様式を繰り広げる魅力的な原子である. その基礎となるのがジボラン B_2H_6 の構造である.

B_2H_6 の構造は図 6-11A のようなものである. 互いに直交する 3 枚の平面上に原子が存在する.

ジボランを構成するホウ素原子は sp^3 混成状態であり,その電子配置は図 B のとおりである. 結合状態は図 C に示したとおりである. 問題は 2 本の B−H−B 結合である. 図に見るとおり,ホウ素,水素の計 2 個の不対電子とホウ素の空軌道を使った結合である. これは B−H−B の 3 原子に広がる結合であるが結合電子は 2 個しかない. このような結合を**三中心二電子結合**といい,ホウ素に特有の結合である.

2 配位 π 結合

二塩化ベリリウム $BeCl_2$ の π 結合は変わっている. 図 6-12D のように,右の π 結合と左の π 結合は互いに 90°ねじれている. また,各 π 結合は空軌道と非共有電子対軌道の間に形成されている.

第 5 章第 3 節の BeH_2 の場合と同様,ベリリウムは sp 混成をとっている. ベリリウム,塩素原子の電子配置は図 B,C のとおりである. ベリリウムは不対電子の入った 2 本の sp 混成軌道を使って塩素と σ 結合する. 問題は π 結合である. ベリリウムには 2 本の空 p 軌道 p_y,p_z が存在する. これを使って両端の塩素の非共有電子対の入った p 軌道と π 結合を作る. 右側の π 結合はベリリウムの p_z 軌道を使い,左は p_y 軌道を使う. このため,両方の π 結合は互いに 90° ねじれることになる.

この π 結合はベリリウムの空軌道と塩素の非共有電子対との間で形成されたものである. これは結合に関与する電子 2 個が,もっぱら片方の原子,塩素から供給されたことになり,配位結合である. これは配位結合の π 結合である.

三中心二電子結合

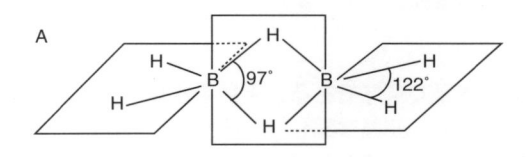

A

B B: sp³混成
2p ↑○○   sp³   sp³ ↑↑↑○
2s ↑↓   1s ↑↓
1s ↑↓

C

D 三中心二電子結合

図6-11

配位 π 結合

A Be: 原子価状態
   $p_x\ p_y\ p_z$
2p ○○○   sp
2s ↑↓   →

B
   $p_y\ p_z$
2p ○○
sp ↑↑
1s ↑↓

C Cl: 原子価状態
   $p_x\ p_y\ p_z$
3p ↑↓ ↑↓ ↑↓
3s ↑↓

D

配位結合の
π結合版
デース

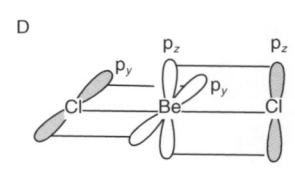

図6-12

第5節◆特殊な構造

7章 結晶の構造と性質

多くの無機化合物は常温で結晶である．無色の食塩も，金色の黄鉄鉱も銀白色の白金もすべて結晶である．結晶は美しい．図は水晶の結晶である．水晶は二酸化ケイ素 SiO_2 の結晶である．この結晶の中には SiO_2 分子が整然と積み重なっている．その積み重なり方が結晶の形となって現れる．水晶のような六角柱型，ダイヤモンドのような正八面体型，黄鉄鉱のようなサイコロ（六面体）型と，結晶の形はいろいろあり，結晶の色とともに結晶の美しさを形作っている．

ここでは，結晶性物質の構造と性質について見て行くことにしよう．

第1節 物質の三態

固体，液体，気体を物質の三態という．結晶は固体の一種であり，分子が規則性を持って配列した状態である．物質は低温で固体，高温で液体，さらに高温にすると気体，と温度によって三態を移動する．また圧力によっても変化する．高圧では固体，そして低圧になるにつれ液体，気体となる．

結晶，液体，気体の違いは基本的には分子の積み重なり方，すなわち配列状態の違いになる．分子の形をオタマジャクシのように，丸い部分と細長い部分をあわせ持った形として，それぞれの状態の配列を示したのが図 7-1 である．

配列には 2 種類ある．位置の配列と方向の配列である．後者は配向ともいう．結晶は分子の位置も配向も決まっている状態である．それに対して液体は両方とも不規則な状態である．分子は勝手な位置で勝手な方向を向いている．気体はいわば希薄な液体状態である．

> **column 液晶**
>
> 結晶と液体の中間の状態をとる物質もある．液晶状態と柔軟性結晶状態である．柔軟性結晶では分子の位置は結晶と同じように規則的であり，配向が不規則である．それに対して液晶では位置は不規則だが配向が規則的である．この配向の規則性が液晶の大きな特徴であり，配向の規則性のため，偏光を通したり遮断したりすることができる．この性質を利用したのが液晶ディスプレイである．

結晶の構造と性質

[堀　秀道, 楽しい鉱物学, p.129, 草思社 (1990)]

物質の三態

状態		結晶	柔軟性結晶	液晶	液体	気体
規則性	位置	○	○	×	×	×
	配向	○	×	○	×	×
	配列模式図					

[齋藤勝裕, 目で見る機能性有機化学, p.91, 図2, 講談社 (2002)]

図7-1

第2節 格子構造

前節で見たように，結晶中で分子は位置も方向も一定にして規則正しく積み重なっている．しかし，水晶の結晶と食塩の結晶が違うように，結晶中での分子の積み重なり方は一様ではない．

1 非晶質固体

前節で結晶は固体の一種であるといった．固体には結晶でないものもある．ガラスは固体であるが結晶ではなく，非晶質固体あるいは無定型固体（アモルファス）と呼ばれるものの一種である．典型的な非晶質固体中では分子の配列に何の規則性も認められない．いわば液体の状態で固定されたものというような状態である．

2 格子構造

結晶中では分子は規則正しく配列される．**結晶中での分子の積み重なり方の単位を単位格子という**．結晶はこの単位格子が積み重なったものと考えればよい．図 7-2 に示したものである．格子を作る各点を格子点という．

図には全部で 14 個の単位格子が示してある．これらをブラベ格子といい，この 14 個で，すべての結晶の配列が示されることが知られている．各単位格子は格子定数で表されるが，それは格子の三辺の長さ（a, b, c）の関係と，格子の辺のなす三つの角度（α, β, γ）である．

14 個のブラベ格子は格子定数に応じて七つの晶系に分類される．例えば立方晶系なら，三辺の長さは等しく（$a = b = c$），三つの角度はすべて 90°（$\alpha = \beta = \gamma = 90°$）であり，立方体である．立方晶系の最も基本的な格子，単純格子は立方体の各頂点に格子点のある単純立方格子である．単純立方格子の体心にもう一つの格子点を持った単位格子が体心立方格子であり，各面の中央に格子点を持ったものが面心立方格子である．

実際の結晶がどの単位格子を持ち，格子定数がどうなっているかを決定するには単結晶 X 線解析の技術を用いる．良質の結晶さえ作ることができれば，決定できる．

格子構造

晶系	格子定数	単純格子	体心格子	底心，面心格子
立方晶系	$a = b = c$ $\alpha = \beta = \gamma = 90°$	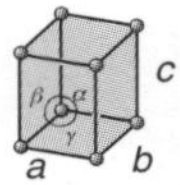 単純立方格子	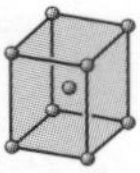 体心立方格子	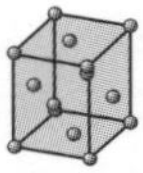 面心立方格子
正方晶系	$a = b \neq c$ $\alpha = \beta = \gamma = 90°$	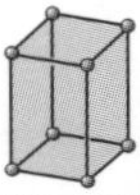 単純正方格子	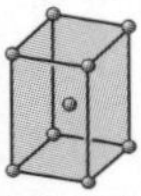 体心正方格子	
斜方晶系	$a \neq b \neq c$ $\alpha = \beta = \gamma = 90°$	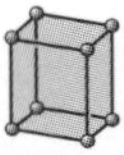 単純斜方格子	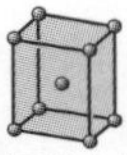 体心斜方格子	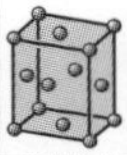 面心斜方格子 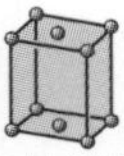　底心斜方格子
三方晶系	$a = b = c$ $\alpha = \beta = \gamma \neq 90°$	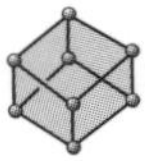 三方格子		
六方晶系	$a = b \neq c$ $\alpha = \beta = 90°$ $\gamma = 120°$	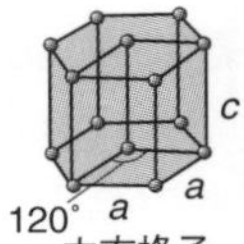 六方格子		
単斜晶系	$a \neq b \neq c$ $\alpha = \gamma = 90°$ $\beta \neq 90°$	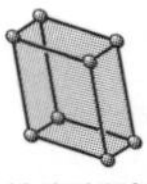 単純単斜格子		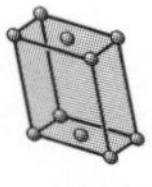 底心単斜格子
三斜晶系	$a \neq b \neq c$ $\alpha \neq \beta \neq \gamma \neq 90°$	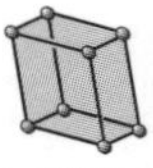 三斜格子		 単純ハム格子

［関一彦, 物理化学, p.141, 図 4.2, 岩波書店 (1997)］

図 7-2

第3節 イオン結晶

　イオン結合からなる分子の作る結晶をイオン結晶という．
　第 5 章第 1 節で見たように，**イオン結合は無方向性，不飽和性の結合**であり，周りにあるすべてのイオンに対して働く力である．そのため，イオン結合でできた分子というものは考えにくかった．この特色がすなわちイオン結晶の特色である．
　第 2 章第 8 節で見たように，一般に陽イオンと陰イオンを比べると陰イオンのほうが大きい．そのため，イオン結晶では陰イオンが積み重なり，そのすき間に陽イオンが入り込んだ形となる．その際，両イオンの大きさの相違により，図 7-3A に示したようにいくつかの様式ができる．差が小さい場合は陽イオンの周りを 8 個の陰イオンが取り囲む 8 配位型，そして差が大きくなるにつれて 6 配位，4 配位となる．実際の結晶の例を図 B にあげた．

第4節 共有結合性結晶

　共有結合性結晶とは，結晶を構成するすべての原子が共有結合している分子である結晶のことである．
　典型的な例は図 7-4A のダイヤモンドである．ダイヤモンドは炭素の結晶であり，ダイヤモンドの炭素原子は sp^3 混成状態で，すべての原子が σ 結合で結合している．その意味で，結晶全体で 1 分子である．図 B は同じく炭素の結晶であるが黒鉛（グラファイト）の結晶である．黒鉛の炭素は sp^2 混成であり，それがちょうど鳥小屋の網のように六員環を作って無限に広がる平面巨大分子を作っている．黒鉛の結晶はこの平面分子が積み重なったものである．その意味では構成原子のすべてが共有結合したものではないが，これも共有結合性結晶という．この層状構造のため，黒鉛は剥離性に富んだ柔らかい結晶である．
　共有結合性結晶はこのほかに，リン，ホウ素，ケイ素なども作ることが知られている．共有結合性結晶を作る原子を周期表によって示したのが図 7-5 である．14，15，16 族の元素と 13 族のホウ素が共有結合性結晶を作ることがわかる．

イオン結晶

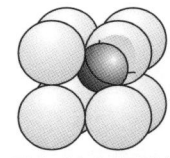

A

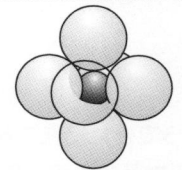

8配位（立方体配位）　　6配位（八面体配位）　　4配位（四面体配位）

[遠藤忠他, 結晶化学入門, p.62, 図 3.8, 講談社 (2000)]

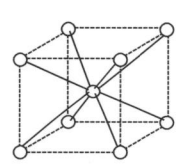

B

8配位塩化セシウム (CsCl)　　6配位岩塩 (NaCl)　　4配位ウルツ鉱 (ZnS)
体心立方格子　　　　　　　　面心立方格子　　　　　　六方晶系

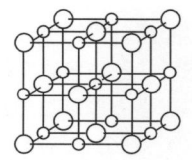

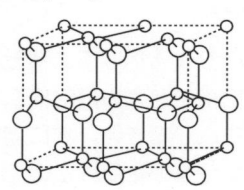

図 7-3

共有結合性結晶

A　　　　　　　　　　　　　B

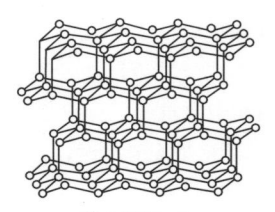

ダイヤモンド　　　　　　　　黒鉛

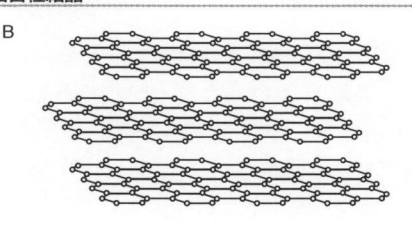

[F.A.Cotton, G.Wilkinson, P.L.Gauss, *Basic Inorganic Chemistry*, Fig.8-2b, 8-3, John Wiley & Sons (1987)]

図 7-4

C

	1	2	3	4	5	6	7	8	9	10	11	12	13	14	15	16	17	18
1	H																	He
2	Li	Be											B	C	N	O	F	Ne
3	Na	Mg											Al	Si	P	S	Cl	Ar
4	K	Ca	Sc	Ti	V	Cr	Mn	Fe	Co	Ni	Cu	Zn	Ga	Ge	As	Se	Br	Kr
5	Rb	Sr	Y	Zr	Nb	Mo	Tc	Ru	Rh	Pd	Ag	Cd	In	Sn	Sb	Te	I	Xe
6	Cs	Ba	La	Hf	Ta	W	Re	Os	Ir	Pt	Au	Hg	Tl	Pb	Bi	Po	At	Rn
7	Fr	Ra	Ac															

図 7-5

第5節 金属結晶

金属結晶は同一の金属原子からできた結晶である．したがって丸いボールができるだけ密になるように積み重なったものと考えることができる．

1 結晶型

空間にできるだけ密に積み重なる重なり方は2通りある．図7-6に示した立方最密構造と六方最密構造であり，どちらも空間の74％をボールの体積で占めることができる．次に効率的な積み重なり方が体心立方構造で，68％を占める．金属の結晶はこの3種のうちのどれかの積み重なり方をしており，それは図7-6に周期表に従って示したとおりである．結晶型が温度によって変わるものもあり，その場合には大きな記号が常温での安定型である．

2 金属の性質

いくつかの金属の性質を表7-1に示した．

Au，Ag，Ptは貴金属といわれるものであり，反応性に乏しく，酸化もされにくいためいつまでも輝きを失わず，宝飾品にも利用される．Au，Ptは重い金属であり，比重は鉛（比重13.6）より大きく，また融点も高い．Agは熱伝導率，電気伝導率ともに大きい．

Auは水銀に溶けて泥状のアマルガムとなり，化学メッキに利用される（第3章第4節）．また紙（箔紙）の間に挟んでたたくと薄い膜（金箔）になる．金箔をガラスに挟んで透かして見ると青緑色に見える．

銅Cuも比熱と伝導率が大きく，調理用具や電線に利用される．鉄Feは身の回りに多い金属であるが，固くて融点も高い．炭素を混ぜることによって硬度を調節することができ，炭素が少なくて柔らかいのが軟鉄であり，炭素が多くて固く，その代わりもろいのが鋼である．日本刀は鋼で軟鉄のしんを包んだ構造であり，切れ味よく（鋼），折れにくい（軟鉄）．

ナトリウムNaは銀白色の金属であるが柔らかく，チーズのように包丁で切ることができる．水と激しく反応して水素を発生し，その水素に反応熱で火がついて爆発に至る．原子炉の高速増殖炉の冷却剤，熱媒体として用いられている．

結晶型

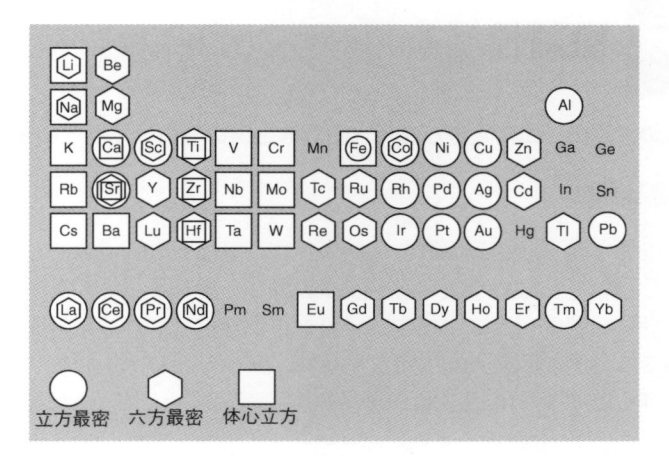

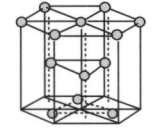

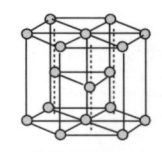

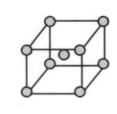

立方最密構造＝ 74 ％　　六方最密構造＝ 74 ％　　体心立方構造＝ 68 ％

[F.A.Cotton, G.Wilkinson, P.L.Gauss, *Basic Inorganic Chemistry*, Fig.8-6, John Wiley & Sons (1987)]

図 7-6

金属の性質

	融点	沸点	比重	比熱	熱伝導率	電気抵抗	硬さ
Au	1063	2970	19.3	0.0312	0.71	2.19×10^{-6}	3.3
Ag	961	1980	10.5	0.0559	1.003	1.62×10^{-6}	2.5
Pt	1774	3804	21.4	0.0316	0.165	10.6×10^{-6}	4.3
Cu	1083	2582	8.9	0.0921	0.989	1.72×10^{-6}	3
Fe	1535	2730	7.9	0.11	0.10	9.8×10^{-6}	4.5
Na	97.7	892	0.97	0.29	0.335	5.0×10^{-6}	0.4

表 7-1

第6節 吸着性

結晶の性質の一つに吸着がある．吸着は金属の触媒作用などの根元である．

1 吸着と脱着

空中を漂う分子が結晶の表面に衝突すると結晶表面に捕まる．これを**吸着**という．しかし，しばらくたつと分子は表面から離れる．これを**脱着**という．吸着には弱い分子間引力による物理吸着と，化学結合を伴う化学吸着がある．物理吸着では分子が結晶表面に留まる時間は室温で 10 ns 程度であるが，化学吸着になると 1 時間に達することもある．

2 結晶の結合状態

結晶中の原子の結合を考えてみよう．簡単のため，原子をサイコロ状の立方体と考え，それが積み重なって結晶になったとしよう．図 7-8 のような結晶の内部にあるサイコロ A は前後左右上下，計 6 個のサイコロに取り囲まれている．これは 6 個の原子と結合している状態と考えられる．

表面のサイコロ B は 5 個の原子としか結合していない．すなわち結合手が 1 本，余っていることになる．この手が空中の分子と相互作用するのが吸着現象の本質である．

3 触媒作用

水素分子の付加反応を考えてみよう．図 7-9 に見るように水素分子は 2 個の水素原子が結合したものである．

水素分子が金属結晶の表面に漂って来たとする．結晶表面にある"余った手"が水素分子と相互作用する（図 A）．水素分子は結晶表面と相互作用することになるが，これによって，水素原子どうしの結合は弱くなる（図 B）．この状態の**水素**を**活性水素**という．水素原子どうしの結合が弱くなっているため，反応しやすい状態になっていることを意味する．この状態の水素にアセチレンが近づいてくると活性水素はアセチレンの π 結合に付加して三重結合を二重結合にし，エチレンとする．

この反応は金属がなければ進行しない．これが金属の触媒作用である．

吸着と脱着

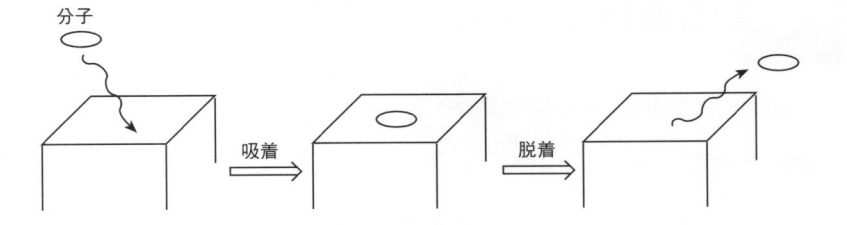

[齋藤勝裕、反応速度論、p.160, 図 1、三共出版 (1998)]

図 7-7

結晶の結合状態

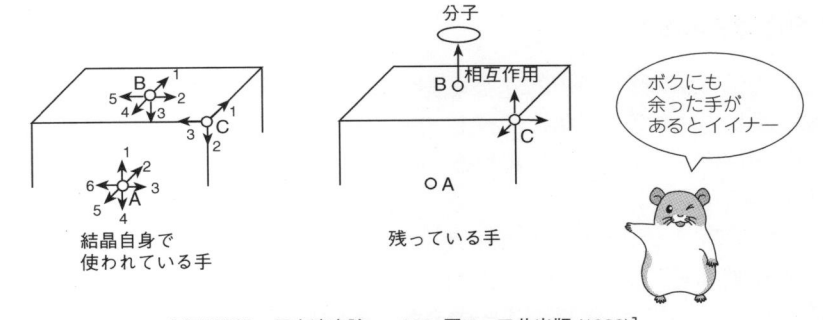

結晶自身で使われている手

残っている手

ボクにも余った手があるとイイナー

[齋藤勝裕、反応速度論、p.166, 図 5、三共出版 (1998)]

図 7-8

触媒作用

A　　　　　　　　　B　　　　　　　　　C

弱い結合

炭素

[齋藤勝裕、反応速度論、p.166, 図 6、三共出版 (1998)]

図 7-9

第7節 伝導性

伝導性は金属の持つ大きな特徴の一つである．

1 電気伝導率

図 7-10 に各種の物質の電気伝導率を示した．金属は大きな電気伝導率を持ち，ガラスなどの絶縁体は電気伝導率が小さい．その中間が半導体である．Si や Ge などである．有機化合物は一般に絶縁性であるが，ノーベル賞受賞の白川教授の開発したポリアセチレンは大きな電気伝導率を持つ．また，低温で**超伝導性**を示す有機化合物も多数開発されている．

2 自由電子の移動

金属の伝導性は図 7-11 によって説明される．第 5 章第 7 節で見たように金属結晶は自由電子の水中に積み上げたボール（金属原子）のようなものである．電子はボールの間を動きまわる．この動きが一定方向にそろったのが電流である．

常温では図 A のように，結晶中といえど金属原子は熱振動している．電子はこの熱振動原子にじゃまされてうまく進行できない．熱振動は温度上昇とともに激しくなり，逆に低温では図 B のように固定される．

3 超伝導性

金属の電気抵抗の温度変化を表したのが図 7-12A である．前項で見たように温度が低下すると電気伝導率は上がる．すなわち，電気抵抗が下がることがわかる．ところがある**温度 T_c になると抵抗値が 0 になる．この状態を超伝導状態といい，T_c を臨界温度という**．

超伝導状態では電気抵抗がないため，大電流を流すことができ強力な電磁石を作ることができる．これを利用してリニアモーターカーや，分子構造を解明する核磁気共鳴装置などが開発されている．問題は臨界温度である．一般に液体ヘリウムを用いて得られる数 K という非常に低い温度である．そのため，臨界温度を上げる研究が積み重ねられた．そのかいあって現在では研究室レベルではあるが 160 K 程度に達している．図 B に示したイットリウム分子はそのような高温超伝導体の一種である．

電気伝導率

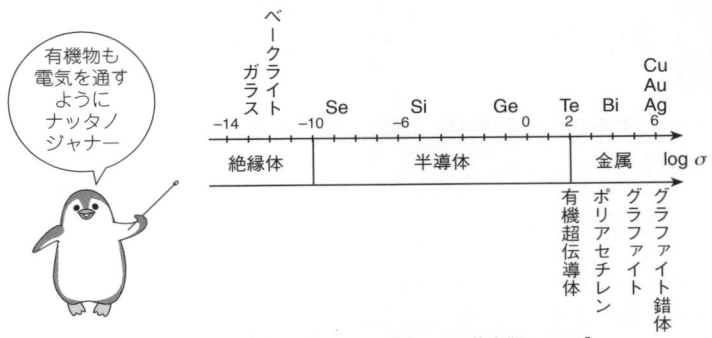

「有機物も電気を通すようにナッタノジャナー」

ベークライトガラス Se Si Ge Te Bi Cu Au Ag
−14   −10   −6   0   2   6   log σ

絶縁体 | 半導体 | 金属

有機超伝導体
グラファイト
ポリアセチレン
グラファイト
グラファイト錯体

[齋藤勝裕，構造有機化学，p.174, 図1，三共出版 (1999)]

図 7-10

自由電子の移動

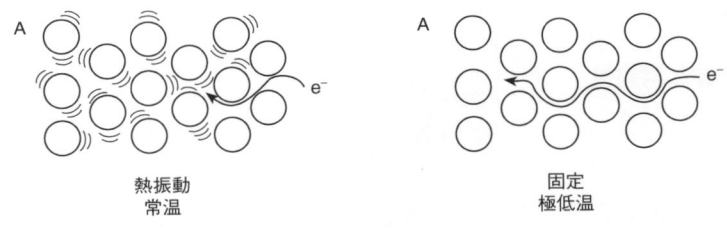

A 熱振動 常温 e^-

A 固定 極低温 e^-

図 7-11

超伝導性

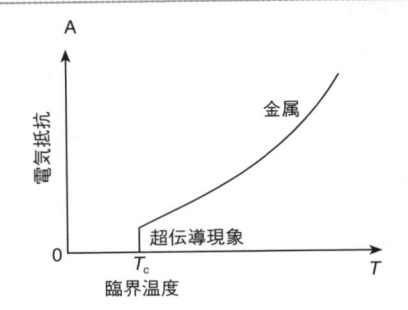

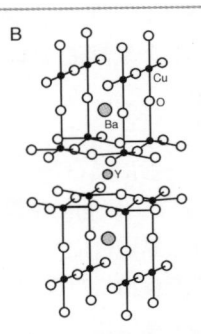

A 電気抵抗 / 金属 / 超伝導現象 / T_c 臨界温度 / T

B $YBa_2Cu_3O_{7-x}$ の構造 Cu, O, Ba, Y

[齋藤太郎, 無機化学, p.189, 図 8.4, 岩波書店 (1996)]

図 7-12

第8節 磁 性

磁石に反応するものを磁性体，反応しないものを非磁性体という．磁石は結晶の持つ物性の一つである．

1 電子と磁気モーメント

磁性は電子の自転（スピン）に基づく性質である．**電子がスピンすると磁気モーメントが発生する．磁気モーメントを持つものは磁性を持つ**．しかし2個の電子が互いに反対方向にスピンすると，発生する磁気モーメントの方向も反対になり，結局互いに相殺して磁気モーメントは消滅し，磁性も消えてしまう．

共有結合はスピン反対の電子対からできているため，共有結合分子は一般に磁性を持たない．

2 強磁性と常磁性

図 7-14A のようにすべての磁気モーメントが一定方向を向いている物質は，それらのモーメントが合成されて物質全体として大きな磁性を持つことになる．このようなものを**強磁性体**という．それに対して図 B の物質は磁気モーメントが互いに相殺して物質全体としては 0 となり，磁性を持たない．しかし，近くに磁石が来ると磁石の磁気モーメントに誘発されて磁気モーメントが一時的に一定方向を向き，磁性を獲得する．しかし，磁石がなくなると磁性は消える．このようなものを**常磁性体**という．鉄や酸素分子がその例である．

3 磁 石

磁性体と一般に磁石といわれる物質とはどのように違うのかを見てみよう．

図 7-15 で，磁石に誘発されて磁性を獲得した物質 A から磁石を離したとしよう．元の常磁性に戻った分子 B は磁石にはならない．しかし，**残留磁化**が残って磁性を保持したままの物質 C もありうる．これが磁石になりうる物質である．この残留磁化を持った物質に，今度は磁石の NS を先ほどと反対にして近づける．これで磁化の消えてしまう物質 D は良質の磁石とはいえない．この状態でも磁性を保持し続ける物質 E が優れた永久磁石となるのである．

大きい残留磁化と強い保持力，これが優れた磁石の条件である．

電子と磁気モーメント

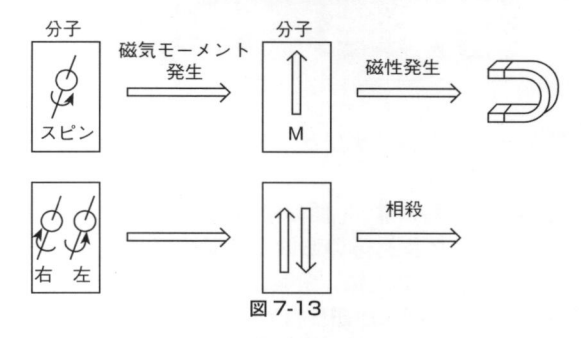

図 7-13

強磁性と常磁性

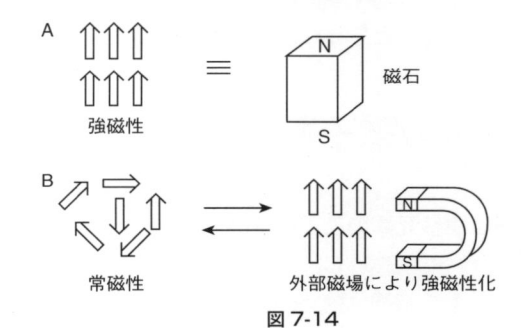

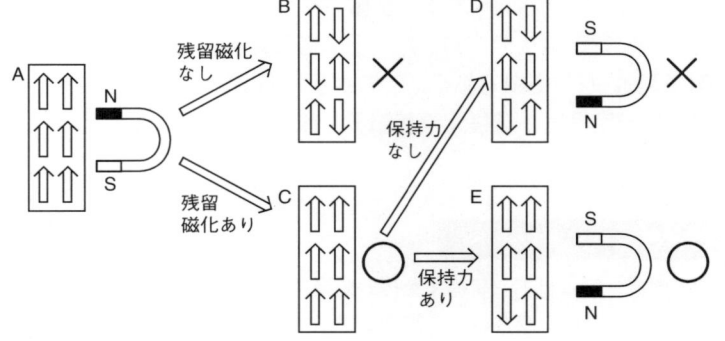

A 強磁性 ≡ 磁石

B 常磁性 ⇌ 外部磁場により強磁性化

図 7-14

磁 石

A → 残留磁化なし → B ×
A → 残留磁化あり → C ○ → 保持力なし → D ×
C → 保持力あり → E ○

図 7-15

8章 錯体の構造

　錯体は金属原子または金属イオンと，配位子と呼ばれる分子または陰イオンとからできた集合体である．

　6配位錯体といわれるものは1個の中心金属（原子またはイオン）と6個の配位子とからなる．この集合体の形は正八面体であり，直交座標の中心に金属を置くと，各配位子は3軸上に，金属から等距離の所に位置する．錯体は6配位のほかにもいろいろな種類が知られている．4個の配位子を持つ4配位錯体には正方形のものと正四面体形のものが知られている．

　錯体は分子と考えられる．しかし同時に，分子と分子から構成された，より高次な組織体，より高次な分子ともみなせるものである．

第1節 遷移元素の電子配置

　錯体を作る中心金属は遷移元素のことが多い．

　原子番号21のScから29のCuまでの遷移元素の電子配置を図8-1にまとめた．これら遷移元素の特徴は第2章第2節で見たように，原子番号の増加とともに増える電子が3d軌道に入って行くということである．

　電子配置の不規則性は24番Crと29番Cuで起きている．5本のd軌道には各軌道に電子が1個ずつ，計5個入った状態と10個入って満杯になった状態とが特に安定な状態であった．それを満たすために，4s軌道の電子を3d軌道に移動させた結果である．このような5電子の半満杯状態と10電子の満杯状態の安定性は，遷移元素が電子を放出してイオンになるときの価数にも影響してくる．

> **column　メタンハイドレート**
>
> 　分子が集合してより高次な構造を持つ組織体となったものを超分子という．海底にほとんど無尽蔵に存在し，将来のエネルギー源として注目を集めているメタンハイドレートはメタン分子（CH_4）と水分子からできた超分子である．ここでは20個の水分子が集まって正十二面体の美しいケージ（かご）を作り，その中に1個のメタン分子が，あたかも鳥かごに入ったカナリヤのように存在する．

錯体の構造

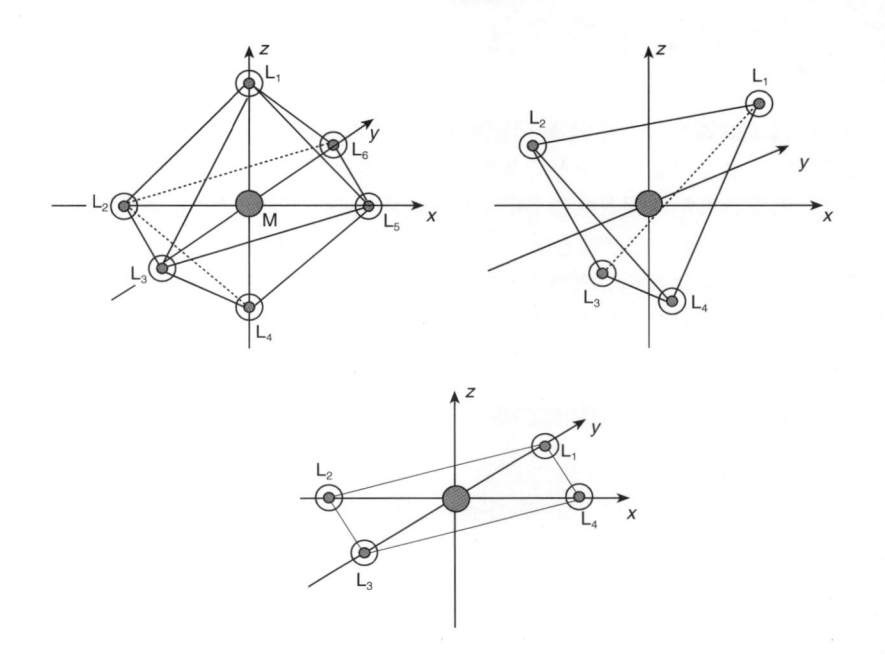

遷移元素の電子配置

4d ○○○○○
4p ○○○
4s ○
3d ○○○○○

元素		Sc	Ti	V	Cr	Mn	Fe	Co	Ni	Cu
原子番号		21	22	23	24	25	26	27	28	29
電子数	4p									
	4s	2	2	2	1	2	2	2	2	1
	3d	1	2	3	5	5	6	7	8	10

図 8-1

第2節 混成軌道モデル

錯体の構造は美しく，その電子配置は複雑であり，その性質は色彩を持ち，磁性を持つというぐあいに多彩である．これらを説明するためにいくつかの結合様式が考案された．混成軌道モデル，結晶場理論モデル，配位子場理論モデル，分子軌道論モデルなどである．

錯体のすべてを理論的に説明するのに最も適したモデルは分子軌道論モデルであろう．しかしそれに至る前に，混成軌道モデルと結晶場理論モデルを見ておいたほうが理解が早いと思われる．

1 $[Fe(CN)_6]^{4-}$ 内軌道型錯体の構造

$[Fe(CN)_6]^{4-}$ は Fe^{2+} と 6 個の CN^- からできた錯体であり，磁性を持たない．その構造は図 8-2 に示したとおり，Fe イオンを中心とした正八面体型である．したがって Fe を原点とした直交座標の 3 軸上に配位子の CN^- が存在することになる．

2 混成軌道

錯体の中心金属は混成軌道を作ると考えるのが混成軌道モデルの特色である．6 配位正八面体錯体での混成は図 8-3 に示した d^2sp^3 混成である．6 本の原子軌道を原料とする混成軌道は 6 本あり，その角度はちょうど正八面体の頂点方向を向く．

Fe^{2+} は 6 個の d 電子を持つが，この電子は混成に関与しなかった 3 本の d 軌道に 2 個ずつ入って非共有電子対を作る．したがって不対電子は存在しない．

3 配位結合

混成軌道モデルでは中心金属と配位子は配位結合で結合すると考える．そのようすを図 8-4 に示した．Fe^{2+} の 6 本の d^2sp^3 混成軌道には電子が入っておらず，空軌道のままである．一方 CN^- では C の sp 混成軌道には 2 個の電子が入って非共有電子対となっている．

第 6 章第 2 節で見たように，空軌道と非共有電子対の間には配位結合ができる．6 本の空軌道と 6 組の非共有電子対の間で配位結合を作れば $[Fe(CN)_6]^{4-}$ ができることになる．

[Fe(CN)$_6$]$^{4-}$ 内軌道型錯体の構造

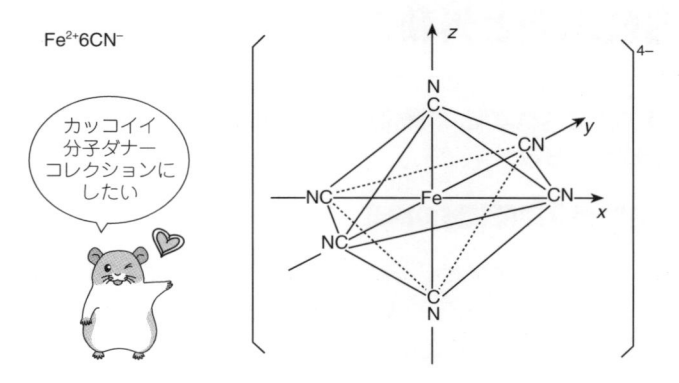

Fe^{2+} 6CN$^-$

カッコイイ
分子ダナー
コレクションに
したい

図 8-2

混成軌道

Fe^{2+}

4p 〇〇〇
4s 〇
3d ↑↓↑↑↑↑

→ d^{2}sp^3 →

d^{2}sp^3 〇〇〇〇〇〇
3d ↑↓↑↓↑↓

内軌道型錯体

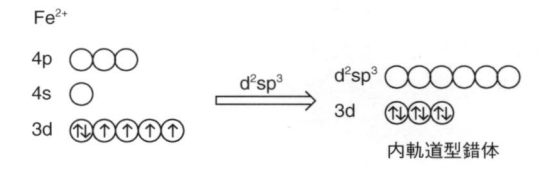

図 8-3

配位結合

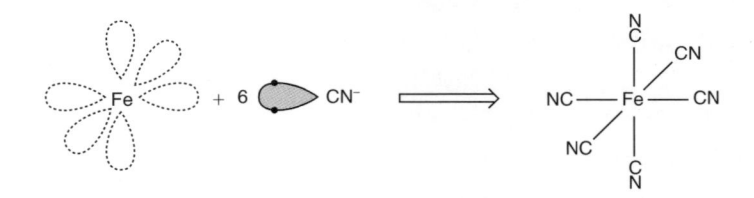

Fe + 6 CN$^-$ ⟹ [NC–Fe(CN)$_5$ 八面体構造]

図 8-4

第2節◆混成軌道モデル

第3節 内軌道型と外軌道型

混成軌道モデルでは内軌道型，外軌道型というものを考えざるをえない．混成軌道モデルの限界である．

1 $[Fe(H_2O)_6]^{2+}$ 外軌道型錯体の構造

$[Fe(H_2O)_6]^{2+}$ は Fe^{2+} イオンと 6 個の水分子からなる錯体であり，磁性を持つ．図 8-5 に示したとおり，水分子は中心金属と酸素で結合しており，その構造は前節の $[Fe(CN)_6]^{4-}$ と同じく正八面体構造である．

2 混成軌道

$[Fe(H_2O)_6]^{2+}$ の構造は $[Fe(CN)_6]^{4-}$ の構造と同じである．したがって結合に使う混成軌道も同じである．と思うが，実は違っている．

先ほど$[Fe(CN)_6]^{4-}$ で使った混成は d^2sp^3 混成であった．今回は図 8-6 のとおり，sp^3d^2 を使う．先ほど使った d 軌道は 3d 軌道であった．しかし今回は 4d 軌道を使う．3d 軌道はそのまま残る．したがって 6 個の 3d 電子は 5 本の 3d 軌道に散らばることになり，不対電子が 4 個存在することになる．

3 内軌道型と外軌道型

d^2sp^3 混成軌道は 3d 軌道を使った混成であり，sp^3d^2 混成は 4d 軌道を使った混成である．3d は内側にある軌道であり，4d は外側にある．そこで前者を内軌道型，後者を外軌道型として区別する．

なぜ，まったく同じタイプの錯体なのにあるときは 3d 軌道を使い，あるときは 4d 軌道を使わなければならないのか．それは，両型で存在することになる不対電子の個数の違いである．図 8-7 に見るとおり，内軌道型では不対電子は存在しなかった．しかし外軌道型では 4 個存在する．

第 7 章第 8 節で見たように，磁性の有無は不対電子の存在にかかっていた．磁性を持つ錯体には不対電子を持たせなければならず，反対に磁性のない錯体には不対電子を持たせてはいけない．$[Fe(CN)_6]^{4-}$ は磁性を持たず，$[Fe(H_2O)_6]^{2+}$ は磁性を持つ．この磁性の有無という厳然たる実験事実を何とか説明しようとする苦肉の策がこの内軌道，外軌道の考え方である．

混成軌道モデルの限界である．

[Fe(H₂O)₆]²⁺外軌道型錯体の構造

$[Fe(H_2O)_6]^{2+}$

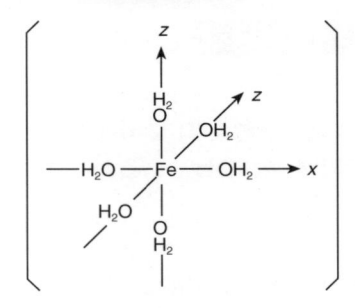

図 8-5

混成軌道

Fe^{2+}

4d ○○○○○　　　　　　　　　4d ○○○
4p ○○○　　→ sp^3d^2　　sp^3d^2 ○○○○○○
4s ○
3d (↑↓)(↑)(↑)(↑)(↑)　　　　　3d (↑↓)(↑)(↑)(↑)(↑)
　　　　　　　　　　　　　　　　外軌道型錯体

図 8-6

内軌道型と外軌道型

内軌道型　　　　　　　　　　　外軌道型

4d ○○○○○　　　　　　　　　4d ○○○
d^2sp^3 ○○○○○○　　　　　sp^3d^2 ○○○○○○

3d (↑↓)(↑↓)(↑↓)　　　　　　3d (↑↓)(↑)(↑)(↑)(↑)
不対電子 0個　　　　　　　　不対電子 4個
磁性なし　　　　　　　　　　磁性あり

図 8-7

第4節 結晶場理論

結晶場理論では結合を考えない．中心金属と配位子の間に特別の結合はないものと考える．両者を結びつけている力はクーロン力である．

1 点電荷構造

結晶場理論では配位子を電荷を持った点，点電荷と考える．図 8-8 に示したとおりである．[Fe(CN)$_6$]$^{4-}$ 錯体なら 6 個の CN$^-$ は－電荷を持った 6 個の点電荷である．[Fe(H$_2$O)$_6$]$^{2+}$ では電荷は存在しない．この場合には H$_2$O の酸素原子上に存在する非共有電子対を電荷とみなすことにする．

結晶場理論では，この点電荷によって中心金属の d 軌道のエネルギーがどのような影響を受けるかを問題にする．

2 d 軌道関数

図 8-9 に d 軌道の電子雲を矢印で示した．第 1 章第 5 節の図と見比べていただきたい．**電子雲を直交座標の軸上に存在させる 2 本の軌道を e$_g$ 軌道と呼ぶ．それに対して 3 軸を避けるように存在させる 3 本の軌道を t$_{2g}$ 軌道という．**

図 8-8 で見たように正八面体錯体ではマイナスの点電荷は 3 軸上に存在した．この点電荷の影響を d 軌道はどのように受けるだろうか．**3 軸上に存在する e$_g$ 軌道の電子雲は点電荷ともろに正面衝突する．大きく不安定化すると思われる．それに対して t$_{2g}$ 軌道が受ける影響はそれほどでもないと思われる．**

3 [Fe(CN)$_6$]$^{4-}$ のエネルギー分裂

配位子点電荷によって d 軌道の受ける影響をまとめたのが図 8-10 である．錯体を作る前，すなわち自由イオン状態の Fe^{2+} では 5 本の d 軌道は縮重して同一エネルギーであった．しかし 6 配位錯体を作ったことにより，安定（低エネルギー）な t$_{2g}$ 軌道と不安定（高エネルギー）な e$_g$ 軌道に分裂した．

6 個の d 電子は安定な 3 本の t$_{2g}$ 軌道に入る．したがってすべて非共有電子対となり，不対電子は存在しないことになり，事実と一致する．

しかし磁性を持つ [Fe(H$_2$O)$_6$]$^{2+}$ は不対電子を持つはずである．これをどのようにして説明するのか．それについては第 6 節で説明する．

点電荷構造

$Fe(CN)_6^{4-}$ （Fe^{2+} + 6 CN^-）

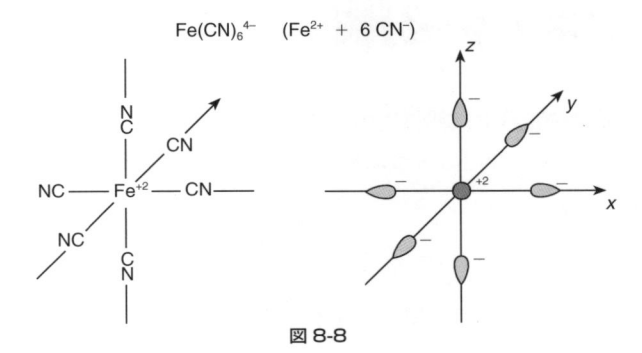

図 8-8

d 軌道関数

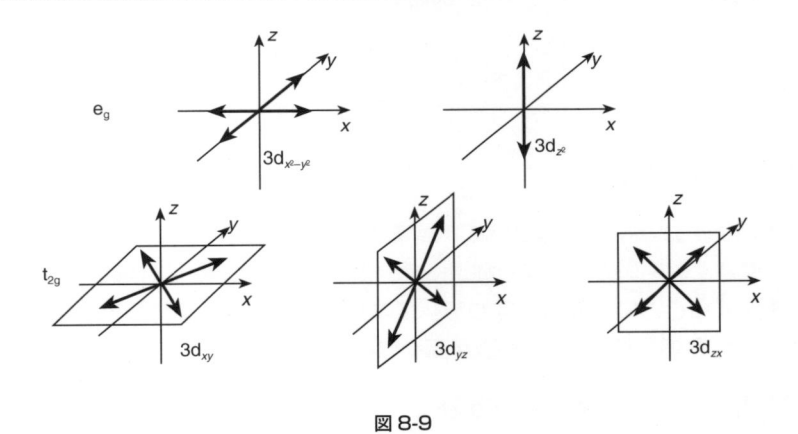

e_g: $3d_{x^2-y^2}$, $3d_{z^2}$

t_{2g}: $3d_{xy}$, $3d_{yz}$, $3d_{zx}$

図 8-9

$[Fe(CN)_6]^{4-}$ のエネルギー分裂

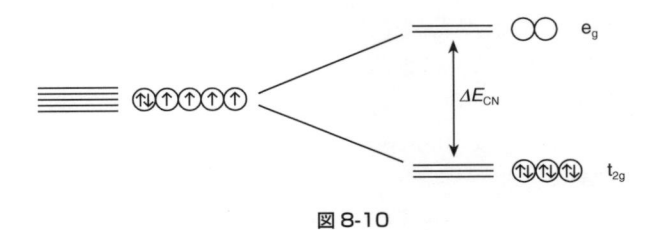

ΔE_{CN}

e_g

t_{2g}

図 8-10

第 4 節 ◆結晶場理論

第5節 エネルギー分裂

前節で6配位の正八面体錯体での3d軌道エネルギー分裂を見た．ほかの形の錯体ではエネルギーがどのように分裂するのかを見てみよう．

1 正四面体配位

Co^{2+}イオンの錯体$[CoCl_4]^{2-}$は，図8-11Aに示したように正四面体型の構造をとっている．この配置の場合にd軌道のエネルギーがどのように分裂するのかを見てみよう．

正四面体は立方体を基準にして作図することができる．立方体の8個の頂点を一つ置きに結ぶと正四面体となる．正四面体を直交座標に置いたのが図Bである．立方体の各面の中央を3軸が通るように置いてある．このようにすると，正四面体の頂点にある点電荷がd軌道とどのような関係になるかがよくわかる．

2 エネルギー分裂

図8-11Bから明らかなように，点電荷は軸上にはない．軸と軸の中間にある．d軌道との関係でいえば，軸上に成分のあるe_g軌道とは抵触せず，t_{2g}軌道と衝突することになる．すなわち，**エネルギー分裂は八面体配位の場合と逆になる．e_g軌道が低く，t_{2g}軌道が高くなる．**

3 結晶場におけるエネルギー分裂

各種の錯体におけるd軌道エネルギーの分裂のしかたをまとめて示したのが図8-13である．

左端の正四面体の分裂は上で述べた結果を示したものである．正八面体の分裂は前節で述べた結果である．右端の平面正方形は4配位錯体の4個の配位子が中心金属と同一平面にあり，正方形型に配置された場合の分裂である．正方錐は1枚の正方形と4枚の正三角形からなるピラミッド型の5配位錯体のエネルギー分裂である．

このように，錯体の構造から視覚的，直感的にエネルギーの分裂のしかたがわかることが結晶場理論の最大の武器である．しかも錯体の電子的性質をかなりの精度で説明することもできる．

正四面体配位

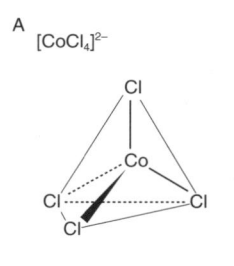

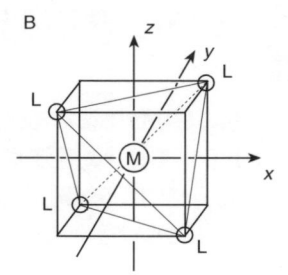

A [CoCl$_4$]$^{2-}$

B

図 8-11

エネルギー分裂

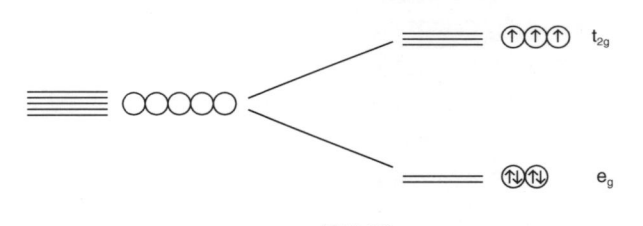

t$_{2g}$

e$_g$

図 8-12

結晶場におけるエネルギー分裂

d$_{xy}$, d$_{xz}$, d$_{yz}$

d$_{z^2}$, d$_{x^2-y^2}$

d

d$_{z^2}$, d$_{x^2-y^2}$

d$_{x^2-y^2}$

d$_{z^2}$

d$_{xy}$

d$_{xy}$, d$_{xz}$, d$_{yz}$

d$_{xz}$, d$_{yz}$

d$_{xy}$

d$_{z^2}$

d$_{xz}$, d$_{yz}$

エネルギー

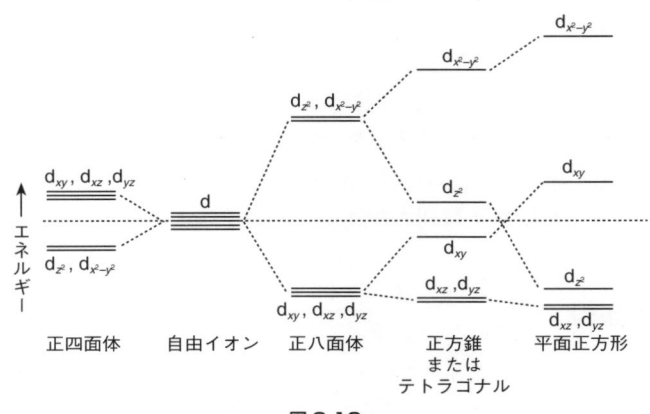

正四面体　自由イオン　正八面体　正方錐またはテトラゴナル　平面正方形

図 8-13

第6節 分光化学系列

本章第4節の最後は気になる一文で終わっていた.

『$[Fe(CN)_6]^{4-}$ では不対電子は存在しないことになり，事実と一致する．しかし $[Fe(H_2O)_6]^{2+}$ は不対電子を持つはずである．これをどのようにして説明するのか』これについて説明しよう．

1 $[Fe(H_2O)_6]^{2+}$ の電子配置

$[Fe(H_2O)_6]^{2+}$ の電子配置を図 8-14 に示した．先ほどの $[Fe(CN)_6]^{4-}$ に対する図 8-10 と比較していただきたい．どちらの錯体も八面体配位だから，3d 軌道エネルギーの分裂様式は同じである．t_{2g} 軌道が低く，e_g 軌道が高い．

ところが，電子配置が違う．先ほどは t_{2g} に 6 個の電子を入れ，すべてを非共有電子対にした．ところが今回は e_g 軌道にも電子を入れ，その結果不対電子を 4 個作っている．あるときは t_{2g} だけに入れ，あるときは e_g にも入れる．そんな勝手なことが許されるのか．それでは理論とはいえないではないか．

2 分裂エネルギー差

許されるのである．きわめて理論的なのである．

一見似ている図 8-10 と 8-14 であるが，決定的な違いがある．分裂した軌道間のエネルギー差である．前者は ΔE_{CN} であり後者は ΔE_{H_2O} である．大きさが違う．ΔE_{CN} は ΔE_{H_2O} より大きい．すなわち，水が配位子の場合には CN^- イオンが配位子の場合に比べて分裂が小さいのである．

分裂が大きい場合には低い軌道にだけ電子が入る．しかし，分裂が小さい場合には両軌道のエネルギー差が小さいので，第 2 章第 1 節の原理 4 に見たように，スピンを平行にする有利さが勝って，電子は上の軌道にも入ることになるのである．

3 分光化学系列

どのような配位子は分裂エネルギーを大きくし，どのような配位子は小さいかを順位で表したのが図 8-15 である．これを**分光化学系列**という．図の左側の配位子ほど分裂エネルギーを大きくする．

[Fe(H$_2$O)$_6$]$^{2+}$ の電子配置

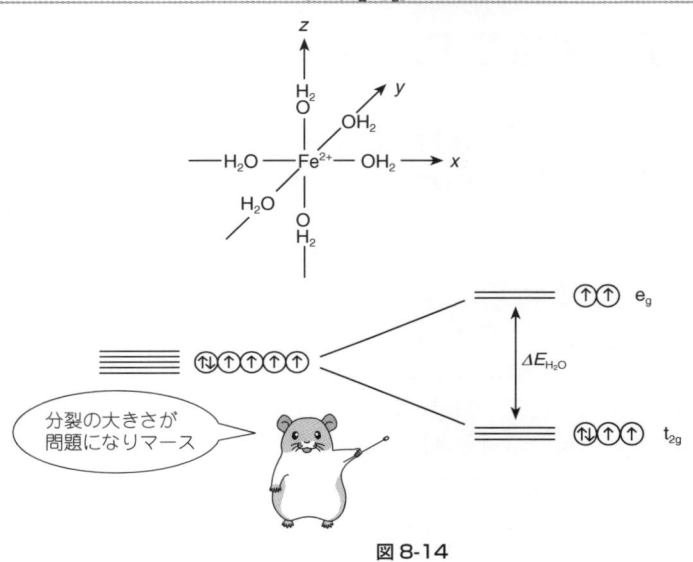

図 8-14

分光化学系列

CN$^-$ > CO > NO$_2^-$ > NH$_3$ > H$_2$O > F$^-$ > OH$^-$ > Cl$^-$ > Br$^-$ > I$^-$

大　　　　　　　　　ΔE　　　　　　　　　小

この順で分裂エネルギーが大きくナルノデース

図 8-15

第7節 分子軌道論モデル

原子に原子軌道があったように分子にも分子軌道があり，その分子軌道関数とエネルギーで結合の安定性や分子の性質を検討するというものである．

1 錯体を構成する軌道

錯体について分子軌道を求め，その軌道関数とエネルギーで錯体の化学的性質を解明しようとするのが錯体の分子軌道論モデルである．分子の分子軌道は分子を構成する原子の原子軌道から作られた．同じ手法を錯体に適用する場合，原料となる軌道は中心原子の原子軌道と配位子の分子軌道になる．6配位錯体についてその関係を示したのが図 8-16 である．

中心金属の原子軌道で錯体生成に関与するのは 3d，4s，4p 軌道であり，配位子の軌道は 6 個の配位子の非共有電子対が入った軌道である．

2 6 配位錯体の分子軌道

分子軌道理論を錯体に適用する場合には一工夫要する．それは混成軌道を用いるのである．図 8-17 の右側のように 6 本の配位子の軌道を混成，再編成して 2 本の E_g，1 本の A_{1g}，そして 3 本の T_{1u} 軌道に再編する．軌道の名前は，各軌道の対称性によって付けられた名前である．金属原子軌道も対称性に従って分類される．それは図 8-17 の左側に示したとおりである．3 本の p 軌道は T_{1u}，s 軌道は A_{1g}，そして d 軌道は 2 本が E_g で 3 本は t_{2g} である．

分子軌道を作るために相互作用できるのは同じ対称の軌道に限られる，というのが分子軌道法のいうところである．中心金属の原子軌道と配位子からできた混成軌道を対称に従って相互作用させたのが図 8-17 である．中心金属の E_g と配位子の E_g は相互作用して結合性の軌道と反結合性の $e_g{}^*$ 軌道を作る．中心金属の t_{2g} は相互作用せずにそのまま残る．

図中央の錯体分子軌道を見てみよう．t_{2g} があり，その上に $e_g{}^*$ がある．記号は若干違うが図 8-14 の結晶場分裂と基本的に同じである．結晶場理論と分子軌道理論の違いは前者が定性的なのに対して後者は定量的なことである．しかし，定量性を議論するのは本書の程度を越えることになる．

錯体を構成する軌道

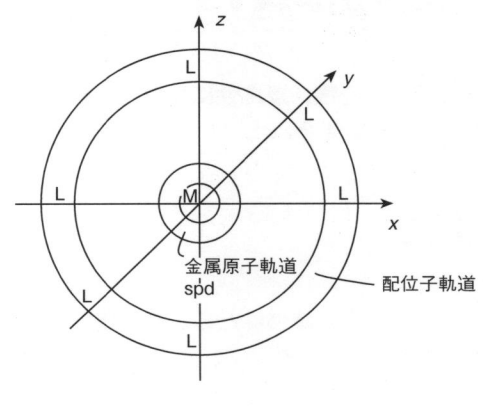

図 8-16

6 配位錯体の分子軌道

金属原子軌道 / 錯体分子軌道 / 配位子群軌道

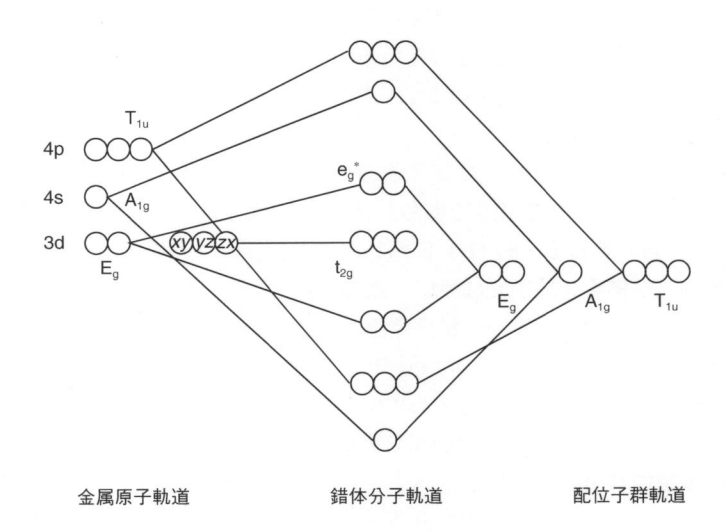

図 8-17

9章 錯体の性質

ここでは錯体の色彩，磁性，反応性について，前章で見た構造，電子構造との関連から見て行くことにする．

第1節 発色性

多くの錯体は有色である．錯体はどのような機構によって発色するのか，それについて見て行くことにしよう．

1 光吸収と発色

色彩には2通りある．バラの赤い花は赤い．ネオンサインの赤い字も赤い．どちらも赤い．しかし，赤い原因はまったく違う．

バラの赤い花は夜になると見えなくなる．バラの花は太陽の光があるから赤く見えるのである．光がなくなったら赤いどころではなく，見えなくなってしまう．ネオンサインの赤は夜のほうがよく見える．ネオンサインは自分で赤い光を発光しているのである．

それでは赤いバラはなぜ赤く見えるのだろう．バラは光を吸収するから赤く見えるのである．**光は電磁波であり，人間の目に見える光は波長400から800 nmのものである．**図9-1に示したように，光は波長によって色が違い，波長の短い光は青く，長い光は赤い．太陽の光は400から800 nmまでの光がまんべんなく混じっているから無色（白色光）なのである．

この白色光から青い光を除いたら何色になるのだろう．それを教えてくれるのが図9-1の色相コマである．青い色の中心を挟んで反対側の色を青の補色という．赤である．**白色光から青い光を除いたら補色の赤に見えるのである．これが発色の原理である．**

図9-2に示したように，錯体Aに白色光を照射すると錯体は特定の光を吸収する．残りの光が透過光としてわれわれの目に届く．白色光の波長分布は図Bで表され，可視全領域にわたって分布している．透過光は図Cである．斜線部分の光が吸収されてなくなっている．残った部分がわれわれの目に届き，色として実感される．図Cを**吸収スペクトル**という．

錯体の性質

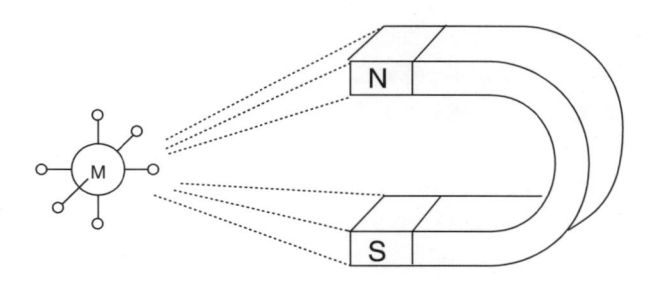

光吸収と発色

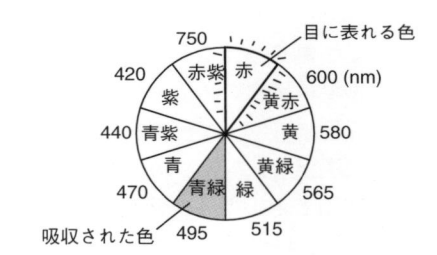

図 9-1

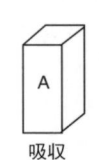

（目に見える光）＝（白色光）－（吸収光）

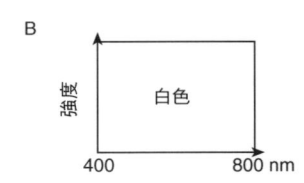

図 9-2

2 光とエネルギー

錯体が光を吸収するとはどういうことだろうか．
光は電磁波であり，エネルギーを持つ．そのエネルギー E は式 (9-2) に示したように光の振動数 ν に比例し，波長 λ に反比例する．

図 9-3 に示したとおり，赤い光は波長が長いので低エネルギーであり，青い光は短波長で高エネルギーである．紫外線は青の外側にある目に見えない領域であり，青い光よりさらに大きいエネルギーを持っている．反対に赤外線は赤い光よりさらに波長の長い光で目に見えない．エネルギーは赤い光よりさらに小さい．

3 発色する錯体

図 9-4 はある錯体 $[Ti(H_2O)_6]^{3+}$ の電子配置である．6 配位錯体なので t_{2g} と e_g 軌道に分裂し，1 個の 3d 電子は t_{2g} 軌道に入っている．この状態を基底状態という．安定な低エネルギー状態である．錯体に光が照射されるとこの電子が光のエネルギーを受け取る．エネルギーをもらった電子は上の e_g 軌道に遷移する．この状態を**励起状態**という．高エネルギー状態である．

すなわち，錯体は遷移に要するエネルギーΔE に相当するエネルギーを光から受け取るのである．これはエネルギーΔE，すなわち波長$\lambda = ch/\Delta E$ の光を吸収することを意味する．結局，エネルギー分裂の大きい錯体はエネルギーの大きい光，すなわち波長が短い青い光を吸収し，反対に分裂の小さい錯体はエネルギーの小さい赤い光を吸収することになる．

$[Ti(H_2O)_6]^{3+}$ の場合，吸収する光は波長 500 から 600 nm にかけての幅広い光であり，そのため錯体の色は青紫になる．

4 無色の錯体

錯体の中には色の着いていない無色のものもある．それらの電子配置を図 9-5 に示した．A は d 電子が存在しないので光を吸収することができず，したがって無色である．一方 B では e_g 軌道が満員なので t_{2g} の電子が遷移できず，したがって光を吸収できないのである．

このように，錯体の色は錯体の電子状態を表す鏡のようなものである．

光とエネルギー

$c = \lambda \nu$ (9-1)

$E = h\nu = \dfrac{ch}{\lambda}$ (9-2)

c：光速　　E：光のエネルギー
λ：波長　　h：プランクの定数
ν：振動数

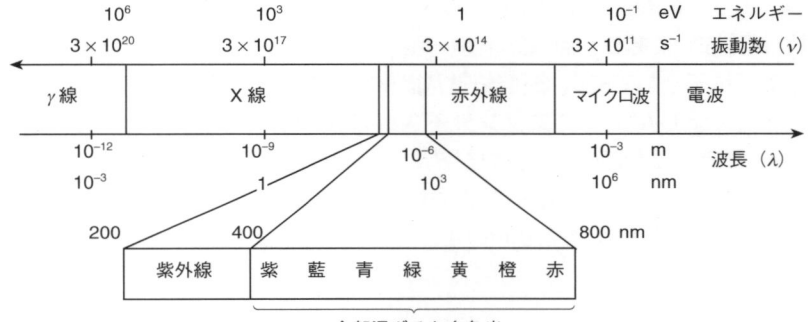

エネルギー	10^6 eV	10^3	1	10^{-1}
振動数 (ν)	3×10^{20}	3×10^{17}	3×10^{14}	3×10^{11} s^{-1}

| γ線 | X線 | 赤外線 | マイクロ波 | 電波 |

波長 (λ)：10^{-12}　10^{-9}　10^{-6}　10^{-3} m
　　　　　　 10^{-3}　1　　 10^3　　10^6 nm

200　400　　　　　　　　　　　800 nm

| 紫外線 | 紫 | 藍 | 青 | 緑 | 黄 | 橙 | 赤 |

全部混ざると白色光

[齋藤勝裕, 目で見る機能性有機化学, p.5, 図4, 講談社 (2002)]

図 9-3

発色する錯体

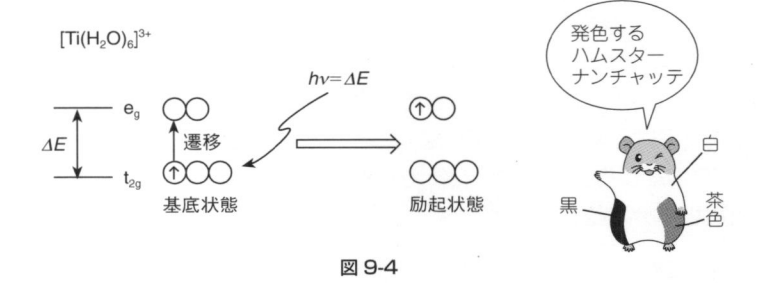

$[Ti(H_2O)_6]^{3+}$

$h\nu = \Delta E$

ΔE　e_g　　　　　　　　　　
　　　t_{2g}　遷移

基底状態　　励起状態

発色する
ハムスター
ナンチャッテ

白　黒　茶色

図 9-4

無色の錯体

A　d軌道が空　$Ca(H_2O)_6^{2+}$　　　B　d軌道が満員　$ZnSO_4 \cdot 7H_2O$

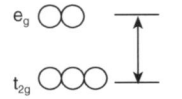

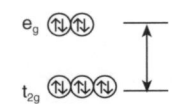

e_g　　　　　　　　　　　　　　　　　　e_g
t_{2g}　　　　　　　　　　　　　　　　　t_{2g}

図 9-5

第2節 配位子の効果

図 9-6 は Ni 錯体の吸収スペクトルである．実線のスペクトルは $[Ni(H_2O)_6]^{2+}$ であり，点線は $[Ni(en)_3]^{2+}$ である．$[Ni(H_2O)_6]^{2+}$ は 6 個の水分子を配位子として持つ 6 配位性八面体錯体である．$[Ni(en)_3]^{2+}$ の配位子，en は図に示したようにエタン分子（H_3C-CH_3）の両方の炭素にアミノ基（NH_2）が結合した形のエチレンジアミンといわれる配位子である．この配位子は両方のアミノ基で中心金属に配位することができ，このような配位子を二座配位子という．したがって $[Ni(en)_3]^{2+}$ も実質的には 6 個の配位子を持った 6 配位八面体錯体である．

1 色彩の差

図 9-6 のスペクトルを見比べてみよう．

$[Ni(H_2O)_6]^{2+}$ では吸収スペクトルの極大位置（吸収極大波長）が 450, 700, 1200 nm 近辺であるのに対して，$[Ni(en)_3]^{2+}$ では 300, 600, 900 nm と短波長側に移動している．色彩に関係した可視領域を見ると，$[Ni(H_2O)_6]^{2+}$ は 450 と 700 nm の 2 箇所に吸収があるのに対して $[Ni(en)_3]^{2+}$ では 600 nm にあるだけであり，それが錯体の色に反映して前者は緑色，後者は赤紫色となっている．

第 1 節の話から当然予想されることではあるが，吸収スペクトルは分子の色彩を決定していることがわかる．

2 分光化学系列

図 9-7 は前項の現象を説明したものである．3d 軌道の分裂エネルギーの大小である．第 8 章第 6 節の分光化学系列を見てみよう．配位子 en の準位はその配位部分がアミノ基 NH_2 であることから，アンモニア NH_3 とほぼ等しいと考えることができる．すると H_2O < en ということになり，分裂エネルギーは en のほうが大きい．

分裂エネルギーが大きいということは電子遷移に大きなエネルギーを必要とするということであり，波長の短い光を吸収するということになる．事実，まったくそのとおりであり，$[Ni(en)_3]^{2+}$ の点線スペクトルは $[Ni(H_2O)_6]^{2+}$ の実線スペクトルに比べて短波長側に移動している．

色彩の差

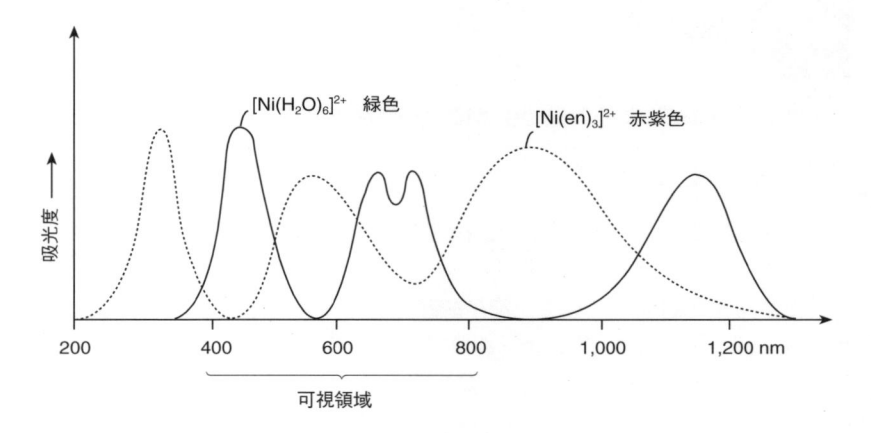

[Ni(H$_2$O)$_6$]$^{2+}$ 緑色　　[Ni(en)$_3$]$^{2+}$ 赤紫色

可視領域

en : H$_2$N・CH$_2$・CH$_2$・NH$_2$ (ethylenediamine)

図 9-6

分光化学系列

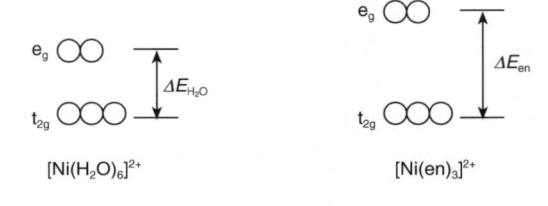

[Ni(H$_2$O)$_6$]$^{2+}$　　ΔE_{H_2O}

[Ni(en)$_3$]$^{2+}$　　ΔE_{en}

分光化学系列　　H$_2$O < en

図 9-7

第3節 磁性

磁性は第7章第8節で見たように，不対電子の存在に関係する．

1 高スピン型，低スピン型

図9-8はCo^{3+}イオン錯体の電子配置である．図Aの錯体の配位子はF$^-$イオンであり，BではNH$_3$分子である．分光化学系列はNH$_3$のほうが強いから分裂エネルギーも大きくなり，電子配置は図のようになる．すなわち，BのほうではCo^{3+}の6個の3d電子は3本のt_{2g}軌道に3組の非共有電子対として収容される．不対電子は存在しない．

それに対してAでは分裂エネルギーは小さい．Co^{3+}イオンの選択肢は二つある．一つはエネルギーの低い軌道に6個を収容する選択．もう一つは5本の3d軌道に6個の電子をばらまき，スピン平行による安定化をねらう選択である．結局，後者のほうがよりエネルギー的に安定となり，Aでは4個の不対電子ができる．

Aを高スピン型錯体，Bを低スピン型錯体と呼ぶ．

2 錯体の磁性

錯体の磁性は図9-9に示した磁気天秤といわれるものを用いて測定する．その結果を表9-1に示した．Co^{3+}イオンのCo(Ⅲ)を見てみよう．高スピン型では不対電子数4であり，低スピン型では0である．各々の磁性の理論値と実測値が示されているがよい一致を示している．

Fe^{2+}のFe(Ⅱ)を見てみよう．Co(Ⅲ)と同じく，実測値は2種類ある．大きな値を与えるものと測定されないものの二つである．これはFe^{2+}にも高スピン型と低スピン型があることを示している．この事実を混成軌道モデルで説明するにはどうしたらよいのか．ここで，窮余の策として編み出されたのが第8章第3節の外軌道型錯体と内軌道型錯体であったわけである．

化学の理論は実験事実を説明できるかぎりにおいて正しい．説明できなくなった時点から新しい理論の探求が始まり，理論の新旧交代が行われる．混成軌道理論の苦しい説明が，結晶場理論では定性的ながらスムースに説明でき，さらに分子軌道理論では定量的に説明できる．しかし，いつの日か分子軌道理論で説明できない現象が見つかったとき，理論の開拓を目ざした研究が再び始まる．

高スピン型，低スピン型

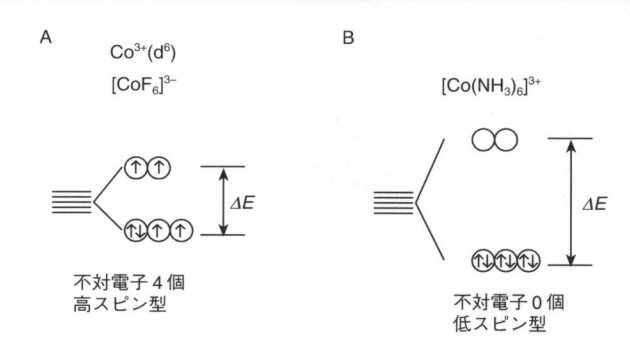

A $Co^{3+}(d^6)$
$[CoF_6]^{3-}$

不対電子 4 個
高スピン型

B $[Co(NH_3)_6]^{3+}$

不対電子 0 個
低スピン型

図 9-8

錯体の磁性

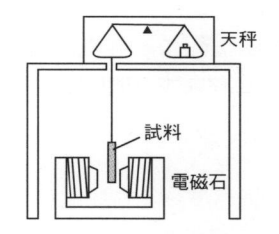

天秤
試料
電磁石

Gouy の磁気天秤

[中原昭次, 小森田精子, 中尾安男, 鈴木晋一郎, 無機化学序説, p.104, Gouy の磁気天秤, 化学同人 (1985)]

図 9-9

理論と実験の
美しい一致デス

イオン	d電子	不対電子	理論値	実測値	
Cr(II), Mn(III)	4	4	4.90	4.75～5.00	高スピン型
		2	2.83	3.18～3.30	低スピン型
Mn(II), Fe(III)	5	5	5.92	5.65～6.10	高
		1	1.73	1.80～2.50	低
Fe(II), Co(III)	6	4	4.90	4.26～5.70	高
		0	0	—	低
Co(II), Ni(III)	7	3	3.88	4.30～5.20	高
		1	1.73	1.80～2.00	低
Ni(II), Cu(III)	8	2	2.83	2.80～3.50	高
		0	0	—	低

表 9-1

第4節 反応活性

錯体も分子であり，いろいろの反応を行う．ここでは配位子置換反応という，配位子 a が別の配位子 b に置き換わる反応について見てみよう．

1 S_N1 機構

反応 1 に示したように，錯体 Ma_6 の配位子 a が b に置き換わって新しい錯体 Ma_5b になる反応を**置換反応**（Substitution Reaction）という．配位子 b は非共有電子対を持っており，中心金属の空軌道を目がけて攻撃する．これは電気的にはマイナス電荷がプラス電荷を攻撃することであり，プラス電荷は原子核に由来するのでこのような攻撃を**求核攻撃**（Nucleophilic Attack）という．

図 9-10 の反応では錯体 Ma_6 が配位子 a を放出し，中間状態 Ma_5 となる．次にこの Ma_5 に新しい配位子 b が求核攻撃をして最終生成物 Ma_5b となる．

2 律速段階

このように反応は 2 段階で進むが，反応の速さは 1 段階目が遅く，2 段階目は非常に速い．**遅い段階を律速段階という**．これは例えば，遅い段階は 1 時間かかり，早い段階は 1 分で終わったとする．全体の反応時間は 1 時間 + 1 分 = 1 時間 1 分であり，反応時間は結局遅い反応によって決定される（速度を律する）からである．

この反応の律速段階は Ma_6 が自分で a を放出する過程である．このように律速段階に Ma_6 1 分子しかかかわっていないので，このような反応を **1 分子求核置換反応**といい，頭文字をとって **S_N1 反応**という．

3 S_N2 反応

反応 2 でも錯体 Ma_6 が Ma_5b に変化している．しかし反応機構が異なっている．中間状態が変わっている．図 9-11 のようにもともとの 6 個の a に加えて b も配位し，7 配位状態になっている．これは律速段階で錯体 Ma_6 に b が攻撃して中間状態を生み出しているからである．

このように律速段階に Ma_6 分子と b 分子の 2 分子が関与しているので，この反応を **2 分子求核置換反応 S_N2 反応**という．

S_N1 機構

$$Ma_6 \xrightarrow{-a} Ma_5 \xrightarrow{+b} Ma_5b \qquad \text{(反応1)}$$

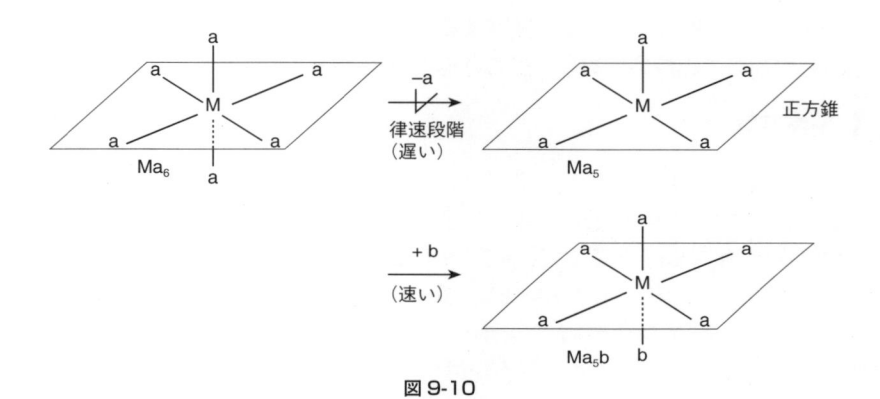

律速段階（遅い）　正方錐

$+b$（速い）

図 9-10

S_N2 反応

$$Ma_6 \xrightarrow{+b} Ma_6b \xrightarrow{-a} Ma_5b \qquad \text{(反応2)}$$

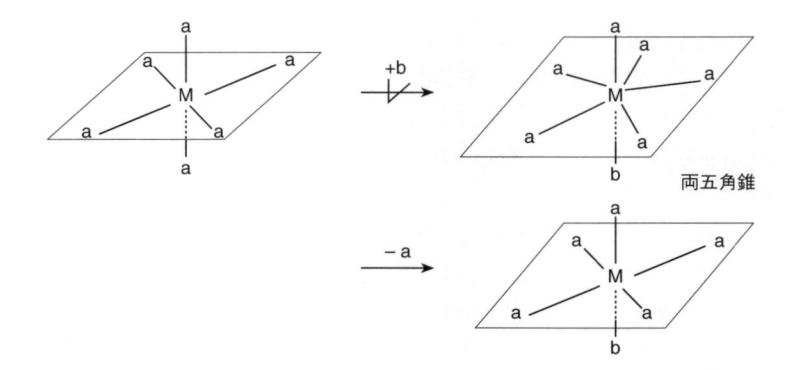

両五角錐

図 9-11

第4節◆反応活性

第5節 反応速度

反応には 1 秒もかからずに完結する速い反応もあれば，1 日，あるいは 1 週間もかかる遅い反応もある．反応の速度を反応速度という．

1 速度定数

出発物質 A が生成物 B に変化する反応 3 において，反応の速度を表す定数 k を設け，これを**速度定数**と呼ぶ．k は式 (9-3) によって定義される．

出発物質 A の減少速度は速度定数 k によって表される．すなわち k が大きいと A は速く減少し，k が小さいと A はいつまでも反応系に残っていることになる．減った A は生成物 B に変化しているのだから，k が大きければ生成物 B が速くでき，k が小さければ B はいつまでも増えないことになる．

2 活性化エネルギー

反応 3 における A と B とのエネルギー関係が図 9-13 のようであったとする．出発物質が高エネルギーで，生成物が低エネルギーである．

このような反応は，川の流れのように何の抵抗もなく自発的に進むのだろうか．決してそうではない．もしそうなら世界に燃料店は存在しなくなる．すべての燃料は酸素と反応したほうがエネルギー的に低くなるのであり，しかも燃料は酸素（空気）の中に放置してあるのだ．

反応が進行するには，いったんエネルギーの高い状態になる必要がある．この状態を**遷移状態**といい，出発物質が遷移状態になるために必要なエネルギー E_a を**活性化エネルギー**という．炭を燃やすのにマッチで火を着けるのはこの活性化エネルギーを補給していたのだ．燃料の場合には A と B のエネルギー差 ΔE が E_a より大きいため，反応が進行すれば E_a は自動的に補われることになる．しかし，一般の反応は E_a を補い続ける必要がある．これが加熱などの実験操作になるのである．

活性化エネルギーと速度定数は式 (9-4) の関係にある．すなわち，**活性化エネルギーの小さい反応は速く進み，大きい反応は遅く進行する**．反応を速く進行させるためには，活性化エネルギーを小さくすればよい．すなわち，**遷移状態の安定な反応は進行しやすく，不安定な反応は進行しがたい**のである．

速度定数

$$A \xrightarrow{k} B \quad \text{(反応3)}$$

$$v = \frac{-d[A]}{dt} = k[A] \quad (9\text{-}3)$$

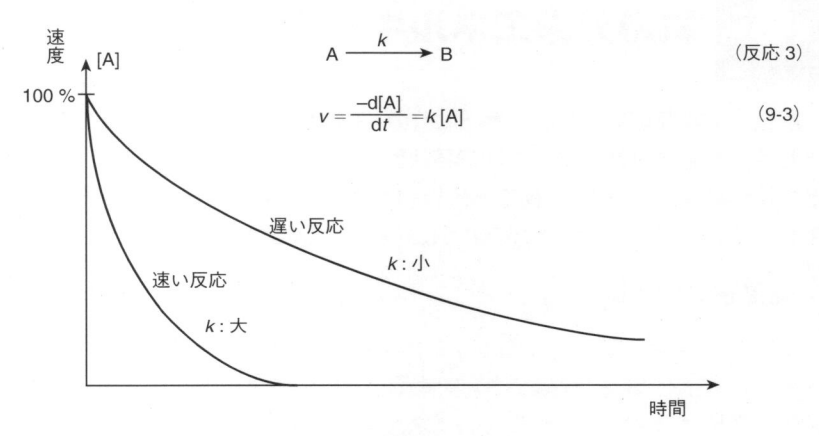

遅い反応　k：小

速い反応　k：大

図 9-12

活性化エネルギー

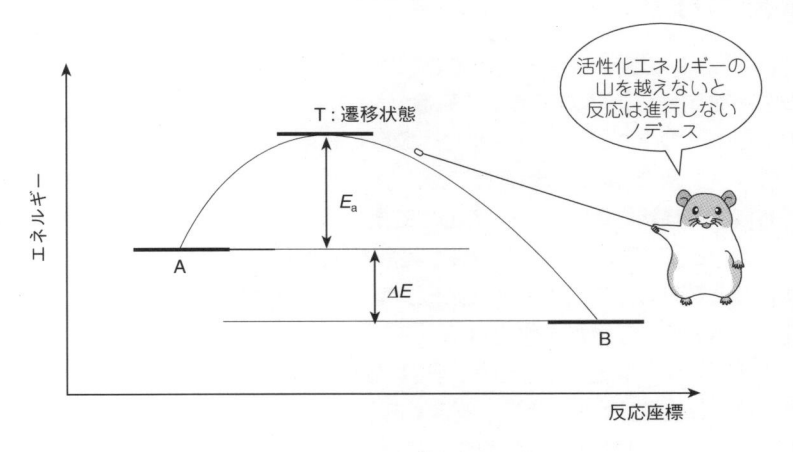

T：遷移状態

E_a

ΔE

活性化エネルギーの山を越えないと反応は進行しないノデース

$$k = A\exp(-E_a / RT) \quad (9\text{-}4)$$

図 9-13

第6節 軌道分裂エネルギー

　配位子置換反応には S_N1 と S_N2 の 2 通りの反応機構があることを見た．そして，反応の進行しやすさは遷移状態の安定性によることも見た．それではどのような場合に S_N1 機構で進行し，どのような場合に S_N2 で進行するのか．また，それを判定するにはどのようにすればよいのかを見てみよう．

1 結晶場安定化エネルギー

　図 9-14 は結晶場理論におけるエネルギー分裂の図である．S_N1 機構の中間状態，正方錐と S_N2 機構の中間状態両五角錐のエネルギー分裂を示してある．図中の数値は自由電子状態からのエネルギー差を表し，単位は任意である．八面体錯体で t_{2g} 軌道が安定化した分のエネルギー 4 Dq を特に結晶場安定化エネルギーということもある．

2 反応の予測

　表 9-2 は出発系（Ma_6）と遷移状態（Ma_5 あるいは Ma_6b）の安定化エネルギーを比較したものである．軌道分裂エネルギーの大きい低スピン型と分裂エネルギーの小さい高スピン型で比較してある．

　低スピン型の S_N1 機構を見てみよう．出発系の安定化エネルギーは 24 Dq であり，遷移状態は 20 Dq であって遷移状態のほうが 4 Dq だけ不安定化している．S_N2 ではどうか．やはり遷移状態が不安定化しているがその差は 8 Dq 以上である．これより，低スピン型は求核置換反応をしにくく，特に S_N2 反応はしにくいことが予想される．

　高スピン型ではどうだろうか．S_N1 機構では遷移状態が 0.57 Dq だけ安定であり，S_N2 では 1.27 Dq 安定である．これより，高スピン型は反応しやすく，特に S_N2 機構で進行しやすいことが予想される．

　このように結晶場理論により，定性的ではあるが反応の進行しやすさ，さらには反応機構の選択までも理論的に予測できることがわかった．類似の考え方を進めて錯体の種々の物性，反応性を理論的に予測することができる．分子軌道理論を用いればさらに進んで定量的な予測も可能である．

結晶場安定化エネルギー

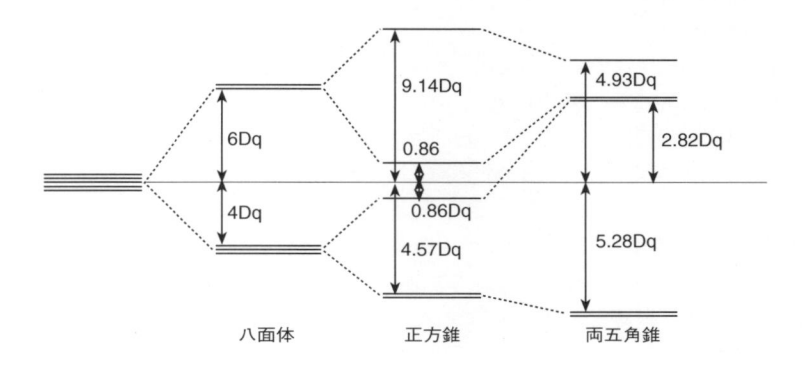

図 9-14

反応の予測

スピン型	低スピン型		高スピン型	
系	出発系	遷移状態	出発系	遷移状態
	八面体	正方錐	八面体	正方錐
S_N1 電子配置				
Dq	24（安定）	20	4	4.57（安定）
	進行しにくい		進行しやすい	
	八面体	両五角錐	八面体	両五角錐
S_N2 電子配置				
Dq	24（安定）	15.48	4	5.27（安定）
	進行しにくい		進行しやすい	

表 9-2

column 貴金属

　一般に貴金属というと金，銀，および白金を指す．光沢に富み，変化せず（反応性に乏しい），産出量が少ないため，古来より貴重品とされ，価格も高い．貴金属の値段は時価相場で日ごとに異なるが 2003 年 6 月現在で，金は 1 g 約 1400 円，白金は約 2400 円である．銀はどれくらいすると思うだろうか．学生に質問すると 800 円程度の答えが返ってくる．日本人は伝統的に銀に価値を置きすぎるようである．美術的にどちらが美しいと考えるかは主観の問題であるが，経済的な価値には雲泥の差がある．銀は 200 円程度である．ただし，10 g でである．1 g の銀は 20 円にすぎない．金や白金とは大違いである．

　宝飾品に使う金属にホワイトゴールドと呼ばれるものがある．これは何だろう．白い金，白金のことか？　白金はプラチナ Pt である．ではホワイトゴールドはプラチナのことか？　答えは No である．金，白金は単体である．ホワイトゴールドは合金である．金に銀などの金属を混ぜたものである．したがって日本語訳の名前はない．

　20 K のリング，18 K のネックレスなどという．K は何だろう．これはカラットと読み，金の純度を表す．24 K が純金である．したがって 20 K は 83 % が金で，残り 17 % はほかの金属ということになる．ちなみにカラットは宝石の重さの単位としても使われ，こちらは記号として ct を使う．1 ct は 0.205 g である．カラットのスペルは carat，もしくは Karat であり，本来同じものであるがアメリカ圏では重さに ct，純度に K と使い分けている．

　宝石の仲間で例外は真珠であり，真珠の重さの単位は何と匁（もんめ，3.75 g）である．「花いちもんめ」のあれである．これは真珠養殖を成功させた日本人，御木本幸吉翁の功績を讃えてのことという．

　なお，化学的に貴金属というと金，銀，銅，および水銀のことを指す．

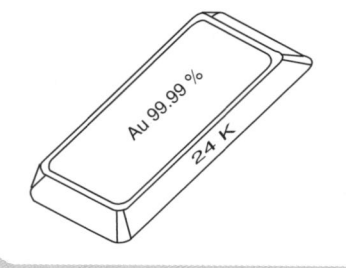

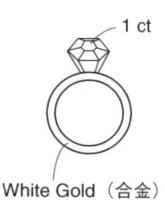

Au 99.99 %　24 K

1 ct　White Gold（合金）14 K

2 匁　白金（プラチナ）

第III部 反応性

10章 無機化合物の反応

 無機イオンの反応しやすさを分類する方法として、第 12 章第 2 節で説明する HSAB 則がある。「硬い酸は硬い塩基と、軟らかい酸は軟らかい塩基とより強い結合を作る」という考え方であり、すべてのイオンを硬いもの・軟らかいものに分類する。金属イオンの反応性を大まかに理解する上で有用な考えである。また、金属錯体にはもとの構造と鏡に写された構造の二つの形をとるものが多い。この二つのものを光学異性体という。

第1節 沈殿を作る反応

 沈殿を作る反応は有害な金属塩を除く際などに有用な反応である。この沈殿反応を HSAB 則で見てみよう。

1 軟らかい酸、塩基

 軟らかいルイス酸である銀 (I)、水銀 (I) はルイス塩基との反応性が高く、塩酸中で塩化物イオンと反応して沈殿 AgCl、Hg_2Cl_2 を生成する（反応 1）。これらの金属イオンは、軟らかい塩基であるヨウ化物イオンとはさらに反応しやすく、それぞれのヨウ化物の沈殿を生成する。

 硫化物イオンは軟らかい塩基であり、軟らかい酸や中間に属する金属イオンとよく反応する。例えば、軟らかい酸であるカドミウム (II)、および鉛 (II) や、中間に属するビスマス (III) や銅 (II) とは、酸性においても反応して硫化物の沈殿を生成する（反応 2）。

2 硬い酸、塩基

 硬いルイス酸である鉄 (III) やアルミニウム (III) は、硬いルイス塩基である水酸化物イオンと反応し、水酸化物の沈殿を生成しやすい。すなわち、アンモニアアルカリ性において、$Fe(OH)_3$ や $Al(OH)_3$ の沈殿を生成する（反応 3）。

 硬い酸であるバリウム (II)、ストロンチウム (II)、カルシウム (II) は塩化物イオン、水酸化物イオン、硫化水素などとは反応しないが、硬い塩基である炭酸イオンと反応し、沈殿を作る（反応 4）。

無機化合物の反応

光学異性体

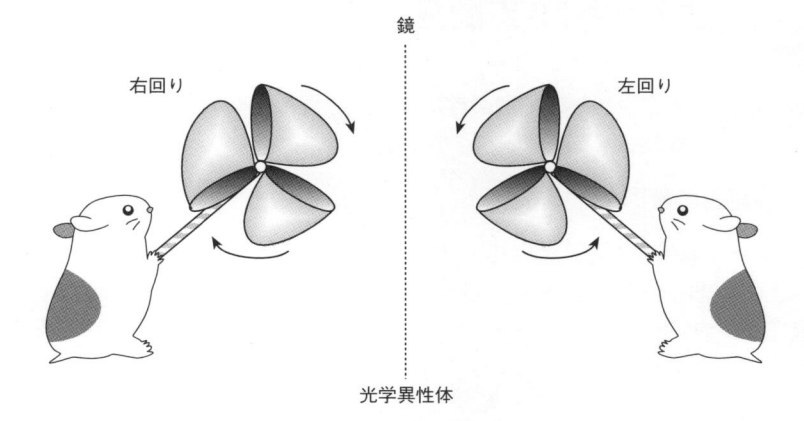

軟らかい酸，塩基

塩化物 $\begin{cases} Ag^+ + Cl^- \longrightarrow AgCl\text{（白色）} \\ Hg_2^{2+} + 2Cl^- \longrightarrow Hg_2Cl_2\text{（白色）} \end{cases}$ （反応1）

硫化物 $\begin{cases} Cd^{2+} + H_2S \longrightarrow CdS + 2H^+\text{（黄色）} \\ Pb^{2+} + H_2S \longrightarrow PbS + 2H^+\text{（黒色）} \\ Cu^{2+} + H_2S \longrightarrow CuS + 2H^+\text{（黒色）} \end{cases}$ （反応2）

硬い酸，塩基

水酸化物 $\begin{cases} Fe^{3+} + 3OH^- \longrightarrow Fe(OH)_3\text{（赤褐色）} \\ \\ Al^{3+} + 3OH^- \longrightarrow Al(OH)_3\text{（白色）} \end{cases}$

水分子が分極し，酸として解離 （反応3）

炭酸塩 $\begin{cases} Ba^{2+} + CO_3^{2-} \longrightarrow BaCO_3\text{（白色）} \\ Sr^{2+} + CO_3^{2-} \longrightarrow SrCO_3\text{（白色）} \\ Ca^{2+} + CO_3^{2-} \longrightarrow CaCO_3\text{（白色）} \end{cases}$ （反応4）

第2節 沈殿を溶かす反応

前節の沈殿反応で生じた沈殿は条件によっては再度溶解する．どのような条件によって溶けるのか見てみよう．

1 酸，塩基との反応

HSAB 則が適用できる．硬いルイス酸である水素イオンは，金属イオンと陰イオンとの反応を妨げ，金属塩の沈殿を溶かす．したがって，多くの無機化合物は酸に溶けやすい．例えば，$Fe(OH)_3$ のような硬い酸の水酸化物は希硫酸に容易に溶ける（反応 5）．これは，水素イオンが OH^- に反応し，H_2O を生成するためである．炭酸塩は酢酸や希酸に CO_2 を発生して溶ける（反応 6）．$Al(OH)_3$ は，酸にも溶けるが，水酸化ナトリウム水溶液にも AlO_2^- となって溶ける（反応 7）．

2 酸化による溶解

$Cr(OH)_3$ は，酸には溶けるがアルカリには溶けない．しかし，過酸化水素により Cr(III) を Cr(VI) とすると，CrO_4^{2-} を生成して水酸化ナトリウム水溶液に溶ける（反応 8）．ニッケル(II) の硫化物は，希塩酸にはほとんど溶けない．しかし，王水や塩酸－次亜塩素酸ナトリウム溶液などの酸化性酸には硫黄を析出するために溶ける（反応 9）．

3 錯イオンの生成

塩化銀の沈殿は酸を加えても溶けないが，アンモニア水には NH_3 の配位によりアンミン錯体を生成して溶解する（反応 10）．硝酸で中和すると再び塩化銀が沈殿する．銅(II) やカドミウム(II) の水酸化物も，NH_3 の配位によりアンモニア水に溶ける．特に銅は濃いアンモニア水には青紫色の $[Cu(NH_3)_4]^{2+}$ を生成して溶ける（反応 11）．

エチレンジアミン四酢酸は EDTA と略され，多くの金属イオンと 1：1 で反応して水溶性のイオンを生成することから，キレート滴定に利用される．EDTA の水溶液は，多くの金属塩を溶かすことができ，特に Fe^{3+} や Sc^{3+} は EDTA と反応しやすく，pH2 においても錯イオンを生成する．一方，Ca^{2+} や Mg^{2+} は，EDTA 錯体の生成定数が小さい．しかし，pH 10 にして EDTA の解離形 Y^{4-} の濃度を増大させると十分定量的に反応する（反応 12）．

酸, 塩基との反応

$$Fe(OH)_3 + 3H^+ \longrightarrow Fe^{3+} + 3H_2O \qquad (反応 5)$$

$$CaCO_3 + 2H^+ \longrightarrow Ca^{2+} + CO_2 \uparrow + H_2O \qquad (反応 6)$$

$$Al(OH)_3 + OH^- \longrightarrow AlO_2^- + 2H_2O \qquad (反応 7)$$

酸化による溶解

$$\begin{array}{l} Cr(OH)_3 + 5OH^- \longrightarrow 2CrO_4^{2-} + 4H_2O + 3e^- \quad (\times 2) \\ H_2O_2 + 2e^- \longrightarrow 2OH^- \quad (\times 3) \\ \hline 2Cr(OH)_3 + 3H_2O_2 + 4OH^- \longrightarrow 2CrO_4^{2-} + 8H_2O \end{array} \qquad (反応 8)$$

$$NiS + 4H^+ + 2ClO^- \longrightarrow Ni^{2+} + S \downarrow + 2H_2O + Cl_2 \qquad (反応 9)$$

錯イオンの生成

$$AgCl + 2NH_3 \longrightarrow [Ag(NH_3)_2]^+ + Cl^- \qquad (反応 10)$$

$$Cu(OH)_2 + 4NH_3 \longrightarrow [Cu(NH_3)_4]^{2+} + 2OH^- \qquad (反応 11)$$

EDTA (ethylene diamine tetra acetic acid ; H_4Y)

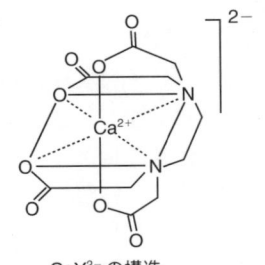

$$\begin{array}{c} HOOCCH_2 \diagdown \qquad \diagup CH_2COOH \\ NCH_2CH_2N \\ HOOCCH_2 \diagup \qquad \diagdown CH_2COOH \end{array}$$

$$Ca^{2+} + Y^{4-} \longrightarrow CaY^{2-} \qquad (反応 12)$$

CaY^{2-} の構造

第3節 プロトン移動反応

純水の中には，10^{-7} mol/L の水素イオンと水酸化物イオンが存在している．これらは，常に水の水素と交換を繰り返しながら，一定の濃度を保っている．その交換の速さはどのくらいであろうか．

1 H^+ と OH^- の反応速度

水素イオンは，水溶液中ではヒドロニウムイオン（H_3O^+）として存在するとされるが，実験によると四つの水分子に囲まれて $H_9O_4^+$ として存在することがわかっている．水酸化物イオンも水和イオン（$H_7O_4^-$）として存在している．

H^+ と OH^- は，水の中での拡散がきわめて速いため，それらの反応の速度もきわめて速い．このような反応を**拡散律速反応**と呼ぶ．しかし，H^+ も OH^- もともに水和されているにもかかわらず，そのように速い反応速度を示すということから，図 10-1 に示した**プロトンジャンプ機構**が考えられている．実験によると，水分子として 4 分子程度の距離（8 Å）をプロトンはジャンプできる．したがって，酢酸水溶液中の水素イオンは，酢酸からいったん解離すると，水のプロトンともはや区別がつかないことになる．

2 遅いプロトン移動反応

酢酸や硫酸などのブレンステッド酸からのプロトンの解離はきわめて速いが，有機酸の中にはプロトンの解離が遅いものもある．例えば，アセチルアセトンのような炭素酸においては，ケト型の C-H の解離はかなり遅く，その速度定数は 3.5×10^{-1} s^{-1} である．また，エノール型の OH 水素の解離も図 10-2 に示すような分子内水素結合のために遅い（28 s^{-1}）．

アセチルアセトンは水に溶かすと主にケト型として存在する．そして金属イオンと反応する場合，まず解離してエノラートイオンとなり，その後金属イオンに配位する．金属イオンの水和水の脱離が速い場合は，エノラートイオンの生成速度，すなわちケト型のプロトン解離が律速段階となる．水和水の脱離が遅い場合は，まず配位陰イオンと水和金属陽イオンがイオン会合体を生成し，次に起こる水和水の脱離過程が律速となる．このような機構を，**Eigen 機構**と呼ぶ．

H^+ と OH^- の反応速度

$H^+ + OH^- \longrightarrow H_2O$　　水中で最も速い反応

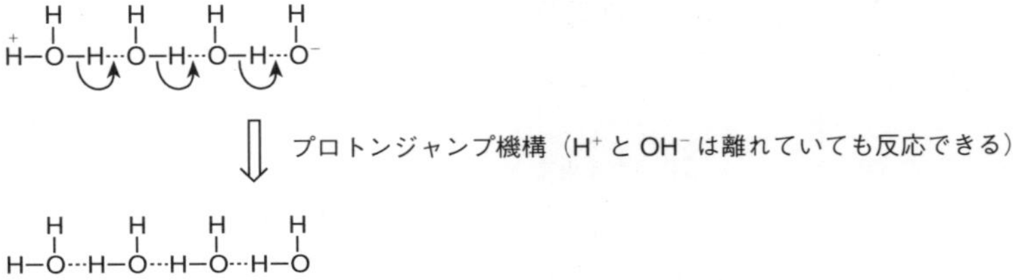

プロトンジャンプ機構（H^+ と OH^- は離れていても反応できる）

図 10-1

遅いプロトン移動反応

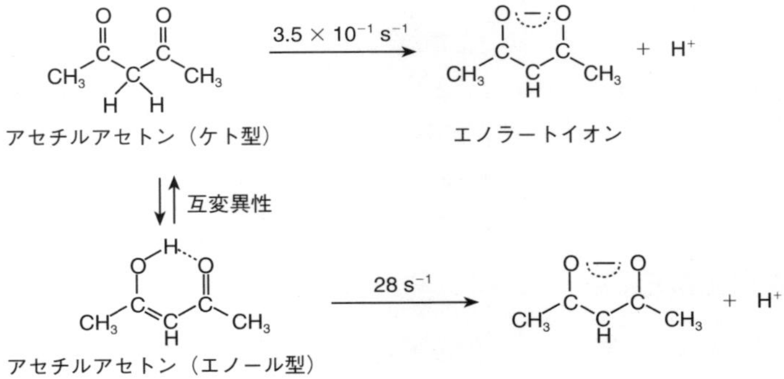

アセチルアセトン（ケト型）　$\xrightarrow{3.5 \times 10^{-1}\,s^{-1}}$　エノラートイオン + H^+

↕ 互変異性

アセチルアセトン（エノール型）　$\xrightarrow{28\,s^{-1}}$　+ H^+

図 10-2

第4節 電子移動反応

 第 11 章で詳しく見るように，酸化還元反応では電子の移動が大きな意味を持つ．ここで電子移動の機構を見ておこう．

1 水和電子の反応

 水溶液中で働く最も単純な還元剤は，水和電子 e_{aq}^- である．水和電子は，反応 13 に示したように X 線による水の放射線分解によって作ることができる．

2 外圏型酸化還元反応

 中心金属イオンの酸化還元反応が，配位子の置換など，構造的な変化を受けずに起る場合を，外圏型反応機構という．そのような反応は，次の場合に起る．
　1　酸化還元反応（電子移動反応）が，配位子置換反応より早い場合．
 例えば，反応 14 のように，置換反応を起こしにくい錯体である $[Fe(CN)_6]^{4-}$ と $[Fe(CN)_6]^{3-}$ との間の電子移動速度はかなり速く，その速度は両方の濃度に比例する．
　2　配位子が π 電子などの共役二重結合を持ち電子移動が容易な場合．
 例えば，反応 15 のように，配位子 1,10-フェナントロリン (phen) を持つ錯体では，電子は分子全体にわたる共役状態にある．したがって配位子を通して電子が移動することができ，反応 15 に示したように，これを配位子とする $[Fe(phen)_3]^{2+}$ から $[Fe(phen)_3]^{3+}$ への電子移動は速い．

3 内圏型酸化還元反応

 反応する 2 種の金属イオンが配位子を共有しており，その配位子を通して電子移動が起る場合を内圏型酸化還元反応という．例えば，$[Co(NH_3)_5Cl]^{2+}$ と Cr^{2+} の水和イオンとの反応は，反応 16 のように，架橋活性錯合体 $[(NH_3)_5Co\text{-}Cl\text{-}Cr(OH_2)_5]^{4+}$ を形成して起る．この錯合体において，電子がクロム (II) からコバルト (III) に移動すると，コバルト (II) が置換活性であるため，Co-Cl の結合が切れて，$CrCl^{2+}$ の水和イオンが生成する．

水和電子の反応

$$H_2O \xrightarrow{\text{放射線}} H_2O^+ + e_{aq}^-$$
$$H_2O^+ + H_2O \longrightarrow H_3O^+ + OH\cdot$$
$$\overline{2H_2O \longrightarrow H_3O^+ + OH\cdot + e_{aq}^-}$$

(反応13)

外圏型酸化還元反応

$$[Fe(CN)_6]^{4-} \xrightarrow{e^-} [Fe(CN)_6]^{3-}$$

速い

(反応14)

$$[Fe(phen)_3]^{2+} \xrightarrow{e^-} [Fe(phen)_3]^{3+}$$

$N\frown N$ = 1,10-フェナントロリン

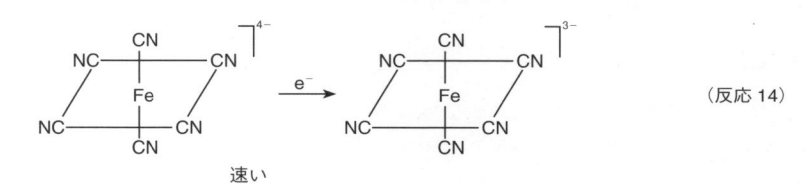

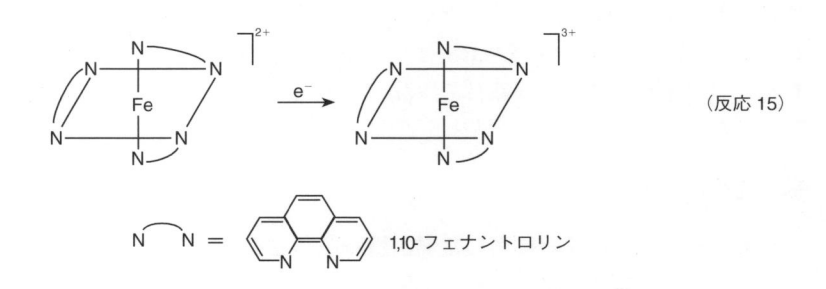

(反応15)

内圏型酸化還元反応

$$[Co(NH_3)_5Cl]^{2+} + [Cr(OH_2)_6]^{2+}$$
⇩
$$[(NH_3)_5Co\{Cl-Cr(OH_2)_5]^{4+}$$
e^- 移動
⇩ 切れる
$$[Co(OH_2)_6]^{2+} + 5NH_3 + [CrCl(OH_2)_5]^{2+}$$

(反応16)

> 配位子の歩道を渡って電子が移動シマース

第5節 錯体の異性化反応

錯体では，金属原子にいくつかの配位原子が結合しているが，配位子が複数の配位原子を持つ場合，どの原子で配位するかにより構造が異なることがある．また，金属イオンの電子が，どの軌道に入るかによって磁性が異なる場合がある．このような現象を異性化と呼ぶ．

1 結合異性

二座配位子が異なる二つの配位原子を持つ両手配位子のとき，金属と配位子の作る錯体は，異なる配位構造をとることができる．例えば，ニトロ基は，図 10-3 のように，N で配位するニトロ（M-NO$_2$）と O で配位するニトリト（M-ONO）の二つの結合様式をとりうる．チオシアン酸イオン NCS$^-$においても，S で配位するチオシアナト錯体と，N で配位するイソチオシアナト錯体がある．C で配位するシアノ錯体も，N で配位するイソシアノ錯体に異性化することができる．

2 光学異性

ある分子が，それを鏡に写した像と重ね合わせることができないときは，それらは互いに光学異性体である．例えば，エチレンジアミン（H$_2$N-CH$_2$-CH$_2$-NH$_2$；en と略す）を配位子とする八面体錯体の [Co(en)$_3$]$^{3+}$ は，図 10-4 のように，プロペラが右ねじ状になっているデルタ（Δ）配置と，左ねじ状になっているラムダ（Λ）配置をとる．en の一つを二つの Cl$^-$ で置換したcis-[CoCl$_2$(en)$_2$]$^+$ においても，同様の光学異性体を示す．

3 スピン異性化

Fe(II), Fe(III), Co(II), Co(III) および Mn(III) の錯体には，高スピンと低スピンの状態が熱平衡で共存する例がある．例えば，2-(2-ピリジル)イミダゾール (pyim) の鉄 (II) 錯体は，53°以下では低スピン状態を，それより高温では高スピン状態をとる．したがって，磁化率は高温で大きく，低温で小さくなる．このような反応を**スピンクロスオーバー反応**という．スピン異性化は，通常色の変化を伴う．

結合異性

$$[(H_3N)_5Co-NO_2]^{2+}$$
ニトロ（黄）

$$[(H_3N)_5Co-O-NO]^{2+}$$
ニトリト（赤）

図 10-3

光学異性

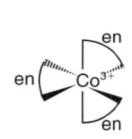

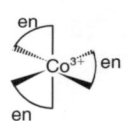

en = エチレンジアミン
$HN_2-CH_2-CH_2-NH_3$

Δ 配置
（デルタ）
右ねじ状

Λ 配置
（ラムダ）
左ねじ状

ボクカザグルマ大好き！

図 10-4

スピン異性化

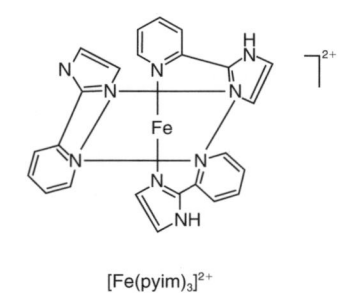

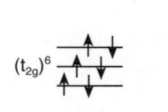

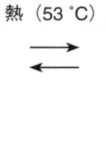

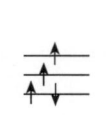

$[Fe(pyim)_3]^{2+}$

熱（53 ℃）

低スピン
全スピン, $S = 0$

高スピン
全スピン, $S = 2$

図 10-5

11章 酸化還元反応

　金属が酸素と反応して酸化物を作るとき，金属は酸化されたという．このとき，金属は酸素に電子を渡している．すなわち，ある原子が電子を放出して相手に渡すとき，その原子は酸化されたという．一方，塩素と水素の反応では塩素は還元されたという．このとき，塩素は水素から電子を受け取っている．

　ある原子が電子を放出し，酸化反応を起こすには，電子を受け取る相手が必要であり，したがって，酸化還元反応は，通常，同時に起る．すなわち，酸化還元反応とは電子移動反応のことである．酸化還元反応は，環境中や生体内で頻繁に起っている大事な反応である．

第1節 酸化数

　酸化還元反応を理解するには酸化数（酸化状態）という考えを用いると便利である．この考えでは，化合物を構成する各原子はそれぞれ固有の酸化数を持っているとする．各原子には，次のような約束で酸化数を割りふる．このとき，酸化は酸化数が増大する反応であり，還元は酸化数が減少する反応である．

　1）単体中の原子の酸化数は 0 とする．（例；I_2 のヨウ素原子や単体の Fe の鉄原子）

　2）イオンあるいはイオン結合性化合物の酸化数は，その原子の価数とする．（例；Fe^{3+} の鉄原子は +3，NaCl の Na 原子は +1，Cl 原子は –1）

　3）共有結合性化合物の場合は，結合を形成している電子対がすべて電気陰性度の大きい原子に移動しているとして，2）の基準を用いる．このとき，電気陰性度の大きい原子は，それにより電子の八隅子（オクテット）則を満たす．（例；ClF の Cl は +1，F は –1）

　4）酸素は –2，水素は +1 とする．しかし，例外もある．（例；H_2O_2 の O は –1）

　5）塩や中性の化合物においては，各原子の酸化数の総和は 0 と考える．（例；$KMnO_4$ における K は +1，O は –2，したがって Mn は +7）

　なお，酸化数 1, 2, 3, 4 …は，Ⅰ, Ⅱ, Ⅲ, Ⅳ…と表すこともある．

酸化還元反応

酸化される役 / 還元される役

酸化数

酸化数の例

(1) I_2 の I は酸化数ゼロ（単体ではゼロ）

(2) $K_3[Fe(CN)_6]$ の鉄は Fe^{3+}, 酸化数 +3

$K_4[Fe(CN)_6]$ の鉄は Fe^{2+}, 酸化数 +2

(3) NH_4^+：N の酸化数 −3, H は +1

NF_4^+：N の酸化数 +5, F は −1

(4) 水素は非金属との結合では正，金属との結合では負

P_2H_4：P の酸化数 −2, H は +1

(5) $[Ni(CO)_4]$：Ni^0, 4CO

K_2CrCl_4：K の酸化数 +1, Cr は +2, Cl は −1

第2節 酸化と還元

酸化還元反応とはどのような反応なのか，実際の例について見てみよう．

1 酸化

マグネシウムは空気中で激しく燃焼して酸化マグネシウム MgO となり（反応 1），銅を加熱すると黒色の酸化銅 (II) になる（反応 2）．鉄は空気中で酸素と反応すると酸化鉄 Fe_2O_3 となる（反応 3）．このような酸素との反応は酸化と呼ばれている．これらの反応では，酸素分子 O_2 が金属から電子を受け取って O^{2-} になっている．これらの金属が塩素と反応して塩化マグネシウム，塩化銅 (II) および塩化鉄 (III) を生成する反応でも，金属は電子を失って陽イオンになるので，酸化されたといえる．反応 4では，Mn^{2+} が H_2O と反応して過マンガン酸イオン MnO_4^- を生成している．このとき，Mn^{2+} は5個の電子を失いマンガンの酸化数は +2 から +7 に増大している．このように，**酸化とは，電子を失うことである**．

2 還元

酸化鉄 (III) Fe_2O_3 の粉末とアルミニウムの粉末を混ぜたもの（テルミット）を加熱すると，炎をあげて激しく反応して鉄の単体が遊離する．それと同時に金属アルミニウムは酸化アルミニウム Al_2O_3 となる（反応 5）．このように酸化物から酸素が奪われたとき，酸化物は還元されたという．このとき，酸化鉄中の鉄イオンは，アルミニウム原子から電子を受け取っている．

塩化銅 (II) $CuCl_2$ の水溶液を電気分解すると，陰極に単体の銅が析出する（反応 6）．このとき，水溶液中の銅イオン (II) は陰極から電子を受け取っている．このように，**電子を受け取ることを還元という**．反応 7 は，鉛蓄電池の陽極で PbO_2 が電子を受け取って放電する反応である．反応 8では Cl の酸化数が+3 から +1 へ，反応 9では Cr の酸化数が +6 から +3 に減少している．

酸化とは電子を放出する反応，還元とは電子を受け取る反応であるので，電子を放出しやすい原子と，電子を受け取りやすい原子の間では，電子のやり取りが容易に起り，**酸化還元（レドックス）反応**が進行しやすいことになる．金属イオンの電子の放出しやすさは，イオン化傾向として知られている．

酸 化

$$2Mg + O_2 \longrightarrow 2MgO \qquad \text{(反応 1)}$$

$$2Cu + O_2 \longrightarrow 2CuO \qquad \text{(反応 2)}$$

$$4Fe + 3O_2 \longrightarrow 2Fe_2O_3 \qquad \text{(反応 3)}$$

$$\text{(金属)} + O_2 \xrightarrow{e^-} \text{(酸化物)}$$

酸化

$$Mn^{2+} + 4H_2O \longrightarrow MnO_4^- + 8H^+ + 5e^- \qquad \text{(反応 4)}$$

酸化

還 元

$$\overset{e^-}{Fe_2O_3} + 2Al \longrightarrow 2Fe + Al_2O_3 \qquad \text{(反応 5)}$$

テルミット

$$Cu^{2+} + 2e^- \longrightarrow Cu \qquad \text{(反応 6)}$$

$$PbO_2 + SO_4^{2-} + 4H^+ + 2e^- \longrightarrow PbSO_4 + 2H_2O \qquad \text{(反応 7)}$$

鉛電池の放電状態

$$HClO_2 + 2H^+ + 2e^- \longrightarrow HClO + H_2O \qquad \text{(反応 8)}$$

$$Cr_2O_7^{2-} + 14H^+ + 6e^- \longrightarrow 2Cr^{3+} + 7H_2O \qquad \text{(反応 9)}$$

第3節 酸化剤と還元剤

ほかの物質を酸化するものを酸化剤といい，ほかの物質を還元するものを還元剤という．酸化還元反応は同時に起るので，酸化剤は，それ自身は還元され，還元剤それ自身は酸化される．したがって，強い酸化剤とは，電子を相手から奪う能力が高く，それ自身の酸化数を減少させようとする物質である．

1 酸化還元反応

水溶液内で，電子を放出する酸化反応が起るときは，必ず電子を受け取る還元反応も同時に起る．電子は水の中で安定に存在することはできない．

酸化反応および還元反応を，電子の発生，あるいは電子の消費を含んで化学反応式で表したものを半反応と呼ぶ．すべての酸化還元反応は，これら二つの半反応の和として表される．例えば，ヨウ化カリウム KI 水溶液に塩素 Cl_2 を通すと，ヨウ素と KCl が生じる（反応 10）．このとき，ヨウ化物イオンの酸化反応と塩素の還元反応の，二つの半反応が同時に起っている．反応 11のテルミット反応においても，鉄(III)イオンの還元と，アルミニウム(III)イオンの酸化反応の半反応が同時に起る．反応 12のような**複雑な酸化還元反応の反応式も，それぞれの半反応を考え，両反応の電子数が等しくなるように半反応を整数倍し，それを両辺どうしで足し合わせると全反応式が得られる**．

2 酸化剤と還元剤

酸化還元反応において，電子を与える（酸化される）ものを還元剤，電子を受け取る（還元される）ものを酸化剤という．反応 10のヨウ化カリウムと塩素との反応では，塩素が酸化剤，ヨウ化物イオンは還元剤として作用している．強い酸化剤とは，それ自身還元されやすいものであり，強い還元剤とは，それ自身酸化されやすい物質である．ある組み合わせにおいて，どちらが還元し，どちらが酸化するかは，後に述べるように，**還元反応の標準電極電位が正により大きいほうが還元する**．すなわち，標準電極電位の正に大きいものは強い酸化剤である．酸化還元反応は，常に酸化剤と還元剤の反応であるといえる．ただし，同じものが相手しだいで酸化剤にも還元剤にもなりうる．

酸化還元反応

$$2I^- \longrightarrow I_2 + 2e^- \quad :酸化反応$$
$$+)\ Cl_2 + 2e^- \longrightarrow 2Cl^- \quad :還元反応 \quad \Big\} 半反応$$
$$\overline{2KI + Cl_2 \longrightarrow 2KCl + I_2} \quad 全反応 \quad (反応10)$$

$$Al \longrightarrow Al^{3+} + 3e^- \quad :酸化反応$$
$$+)\ Fe^{3+} + 3e^- \longrightarrow Fe \quad :還元反応$$
$$\overline{Fe^{3+} + Al \longrightarrow Fe + Al^{3+}} \quad (反応11)$$

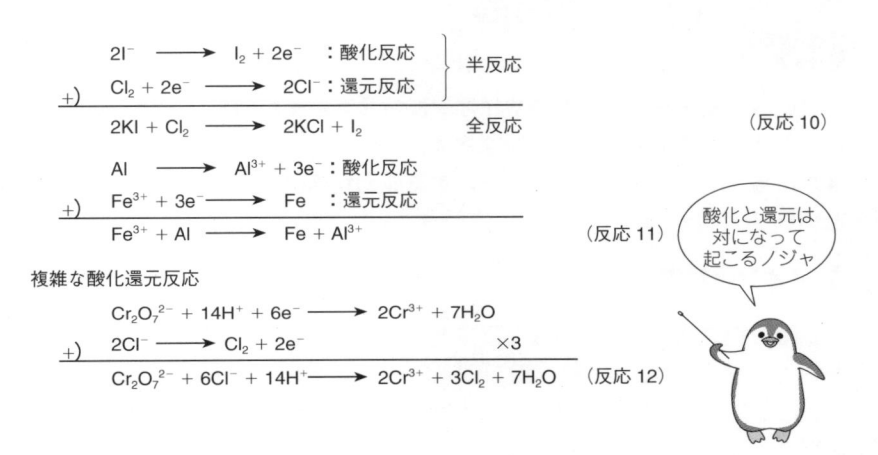

複雑な酸化還元反応

$$Cr_2O_7^{2-} + 14H^+ + 6e^- \longrightarrow 2Cr^{3+} + 7H_2O$$
$$+)\ 2Cl^- \longrightarrow Cl_2 + 2e^- \qquad \times 3$$
$$\overline{Cr_2O_7^{2-} + 6Cl^- + 14H^+ \longrightarrow 2Cr^{3+} + 3Cl_2 + 7H_2O} \quad (反応12)$$

酸化と還元は対になって起こるノジャ

酸化剤と還元剤

還元剤　I^-　Al
相手を還元する
自分は酸化される

⇒ 電子 ⇒

酸化剤　Cl_2　Fe^{3+}
相手を酸化する
自分は還元される

$$2KI + Cl_2 \longrightarrow 2KCl + I_2$$
（2e⁻ が KI から Cl₂ へ移動）

2KI：還元剤（酸化されている）
Cl₂：酸化剤（還元されている）

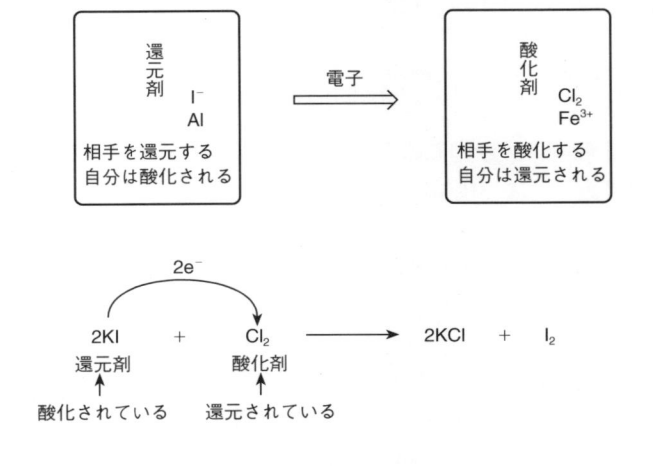

図 11-1

第4節 イオン化傾向

金属は，電子をほかの原子やイオンに与えて，それ自身は酸化数を増大させようとする．この電子の与えやすさは，元素により異なる．すなわち，電子をほかに与えて，陽イオンになろうとする能力が高い元素はイオン化傾向が高いという．

1 イオン化傾向

金属亜鉛を硫酸銅の水溶液に浸すと，熱を発して亜鉛は溶け出し，代わりに亜鉛上に銅が析出してくる（図 11-2）．このときの反応は，酸化還元反応を用いると反応 13 のように書くことができる．一方，金属亜鉛を白金線に変えたときは，亜鉛のように溶け出したり，銅が析出することはない．これらのことは，亜鉛は銅よりも電子を放出してイオンになりやすく，白金は銅よりもイオンになりにくいことを示している．このように，**金属イオンの陽イオンになりやすさの順番を示すものをイオン化傾向と呼ぶ**．イオン化傾向の大きい順に並べると，

$$K > Ca > Na > Mg > Al > Zn > Fe > Ni > Sn > Pb > H > Cu > Hg > Ag > Pt > Au$$

となる．イオン化傾向の大きいものほど，電子を放出してイオンになる能力が高いことを意味する．イオン化傾向の大きい金属は一般に酸化されやすい．

イオン化傾向の大きい金属は冷水と反応して水を分解し，イオン化傾向の小さい金属はたいへん安定で，水や酸とは反応しないが，王水には溶ける．

2 電子親和力

気体状態において，電子の受け取りやすさ（還元しやすさ）を表すのが電子親和力である．これは，気体状態における電子捕獲エンタルピーの符号を変えたものである．すなわち，基底状態において，原子（または分子）が電子を受け取るときに放出する内部エネルギーである．この値が正に大きいということは，電子を受け取って安定になりやすいことを示し，すなわち，還元されやすいことを示す．電子親和力が大きい原子は，負のイオンになりやすいといえる．電子親和力は負の場合もあり，これは負のイオンの場合に見られる．受け取られる電子との間に反発を生じるためである．

イオン化傾向

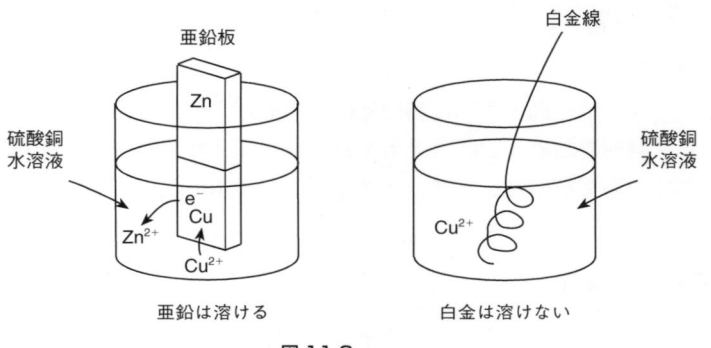

図 11-2

左図：亜鉛板、硫酸銅水溶液、Zn、e^-、Cu、Zn^{2+}、Cu^{2+}　亜鉛は溶ける

右図：白金線、硫酸銅水溶液、Cu^{2+}　白金は溶けない

$$Zn + Cu^{2+} \longrightarrow Cu + Zn^{2+} \qquad (反応 13)$$

電子親和力

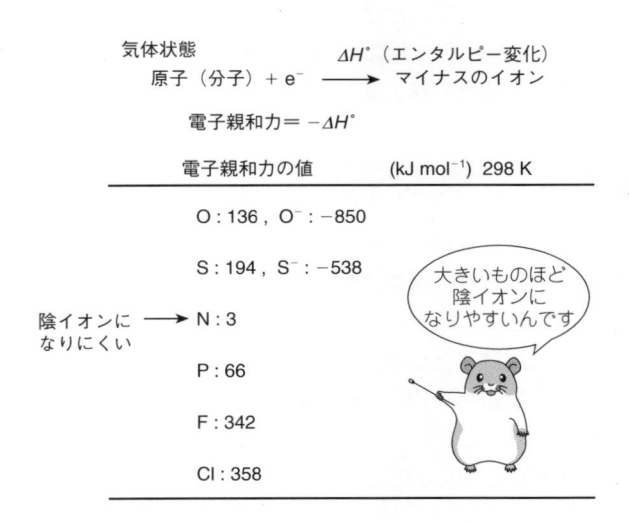

気体状態
原子（分子）＋ e^- $\xrightarrow{\Delta H°（エンタルピー変化）}$ マイナスのイオン

電子親和力＝$-\Delta H°$

電子親和力の値　　(kJ mol^{-1})　298 K

O : 136 , O$^-$: -850

S : 194 , S$^-$: -538

陰イオンに　→　N : 3
なりにくい

P : 66

F : 342

Cl : 358

（大きいものほど陰イオンになりやすいんです）

第 4 節◆イオン化傾向

第5節 電池

電池とは，酸化還元反応における電子移動が，外部回路を経由して起こるようにした装置である．回路にするためには，電子が外部回路を流れるとき，常に溶液中の電荷を中性に保ち，イオンが流れるようにしてやらなくてはならない．

1 電池の起電力

亜鉛と銅イオンの反応からなるダニエル電池においては，亜鉛と銅のイオン化の能力（電気化学ポテンシャル）を数値として表すために，図 11-3 のように亜鉛板を硫酸亜鉛水溶液に，銅板を硫酸銅水溶液に浸して電極とし，素焼きの板でしきるか，あるいは両液を塩橋でつなぎ，イオンが行き来できるようにする．これを化学電池と呼ぶ．**電池とは酸化還元反応において移動する電子が，外部回路を通して運ばれるようにしてある回路である**．

このような電池において，**電流がほとんど流れない条件で測定した両極間の電位差を起電力（E_{cell}）と呼ぶ．起電力はボルトの単位を持ち，両電極のイオン化傾向（還元反応）の能力の差，すなわち還元電位の差を表す**．したがって還元電位もボルトの単位を持つ．

2 標準電極電位

亜鉛と銅の間の起電力を測ると，1.10 V である．この値は両電極の還元電位の差であるから，それぞれの電極に割りふるには還元電位がゼロとなる基準を決める必要がある．その基準としては，標準状態（25 ℃，1 気圧）での水素の還元電位 $E°$ を 0.000 V と定める．これを**標準水素電極**と呼ぶ．

標準水素電極と亜鉛電極の間の起電力は 0.76 V である．これは亜鉛の酸化の電極電位（酸化電位）が 0.76 V であることを示す．ダニエル電池の起電力は，亜鉛の酸化の電極電位（酸化電位）0.76 V と，銅(II)の還元の電極電位（還元電位）0.34 V の和である．電極電位は，常に還元反応について表す約束である．したがって，亜鉛の電極電位は（還元電位）は −0.76 V となる．表 11-1 に主な標準電極電位を示す．標準電位が正に大きいものほど，その還元反応は起りやすい．

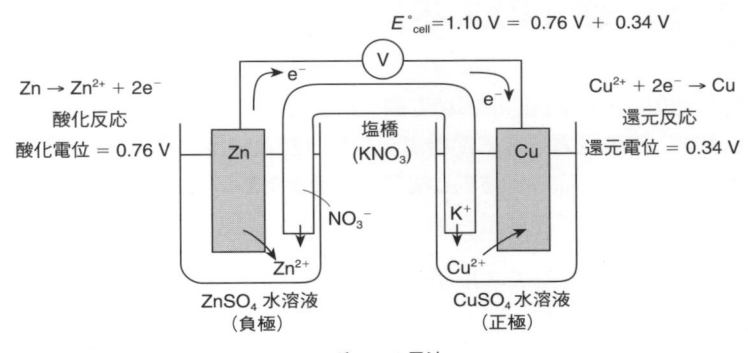

電池の起電力

$E°_{cell} = 1.10\text{ V} = 0.76\text{ V} + 0.34\text{ V}$

$Zn \rightarrow Zn^{2+} + 2e^-$
酸化反応
酸化電位 = 0.76 V

$Cu^{2+} + 2e^- \rightarrow Cu$
還元反応
還元電位 = 0.34 V

塩橋 (KNO_3)

$ZnSO_4$ 水溶液（負極）

$CuSO_4$ 水溶液（正極）

ダニエル電池

図 11-3

標準電極電位

標準電極電位とは，標準還元電位

大きいものほど相手を酸化する力が大きいンデスヨー

半反応		$E°$ / V
$F_2 + 2e^-$	$\longrightarrow 2F^-$	2.87
$Co^{3+} + e^-$	$\longrightarrow Co^{2+}$	1.82
$H_2O_2 + 2H^+ + 2e^-$	$\longrightarrow 2H_2O$	1.77
$Ce^{4+} + e^-$	$\longrightarrow Ce^{3+}$	1.61
$MnO_4^- + 8H^+ + 5e^-$	$\longrightarrow Mn^{2+} + 4H_2O$	1.51
$Cr_2O_7^{2-} + 14H^+ + 6e^-$	$\longrightarrow 2Cr^{3+} + 7H_2O$	1.33
$H_2O_2 + 2e^-$	$\longrightarrow 2OH^-$	0.88
$Fe^{3+} + e^-$	$\longrightarrow Fe^{2+}$	0.77
$O_2 + 2H^+ + 2e^-$	$\longrightarrow H_2O_2$	0.68
$I_2 + 2e^-$	$\longrightarrow 2I^-$	0.54
$Cu^{2+} + 2e^-$	$\longrightarrow Cu$	0.34
$Sn^{4+} + 2e^-$	$\longrightarrow Sn^{2+}$	0.15
$2H^+ + 2e^-$	$\longrightarrow H_2$	0.000
$Zn^{2+} + 2e^-$	$\longrightarrow Zn$	−0.76
$2H_2O + 2e^-$	$\longrightarrow H_2 + 2OH^-$	−0.83
$Al^{3+} + 3e^-$	$\longrightarrow Al$	−1.66
$Na^+ + e^-$	$\longrightarrow Na$	−2.71
$Li^+ + e^-$	$\longrightarrow Li$	−3.04

表 11-1

第6節 酸化還元のエネルギー

標準電極電位は，標準状態において還元反応を起こす能力（電子を受け取る能力）を表す．この能力を電気化学ポテンシャルという．実際の仕事（反応）は，ポテンシャルと反応で移動する電荷量を掛けたもの，すなわち自由エネルギーで表される．

1 電極反応のギブズ自由エネルギー

還元反応の半反応の起こりやすさは，ギブズ自由エネルギーにより支配される．反応のギブズ自由エネルギー変化は，式（11-1）で表される．この式からわかるように，還元反応の標準電極電位 $E°$ が正に大きいほど，ギブズ自由エネルギー変化 $\Delta G°$ は負に大きくなるので，その還元反応は自発的に進みやすいということになる．

2 ネルンストの式

一般に，酸化還元反応のギブズ自由エネルギー変化 ΔG は，標準状態のギブズ自由エネルギー変化 $\Delta G°$ と，酸化体と還元体の濃度の積の比により表される（式（11-2），（11-3））．したがって，電位においても同様な関係が成り立ち，反応が平衡にあるときは，$E°$ と平衡定数 K との関係が式（11-5）により得られる．式（11-4）の電位と濃度との関係を**ネルンストの式**と呼ぶ．この関係は，酸化体と還元体の濃度の比と，水素標準電位に対する溶液の電位との関係を表す．

3 酸化還元滴定

ネルンストの式は，酸化体と還元体の濃度比と電位の関係を示すので，この関係を利用して，酸化型あるいは還元型の濃度を，滴定により決定することができる．例えば，0.1 M の Fe^{2+} 100 mL に，0.1 M の Ce^{4+} を加えていくと，図 11-4 のような滴定曲線が得られる．当量点前は，鉄（III）の還元電位に支配されており，中点では $[Fe^{3+}] = [Fe^{2+}]$ となるため $E = 0.77$ V となる．Ce^{4+} 100 mL を加えたところで当量点となり，鉄（II）がほぼ完全に酸化されると，電位は $(0.77 + 1.61)/2 = 1.19$ V となる．さらに100 mL の Ce^{4+} 溶液を加えると $[Ce^{4+}] = [Ce^{3+}]$ となり，溶液の電位はセリウムの還元電位 1.61 V に等しくなる．

電極反応のギブズ自由エネルギー

$$\Delta G° = -nFE° \tag{11-1}$$

n：電子の mol 数
F：ファラデー定数（96485 $Cmol^{-1}$：電子 1mol の電気量）
$E°$：半反応あるいは酸化還元反応の起電力

ネルンストの式

$$aA + bB \rightleftharpoons cC + dD \tag{11-2}$$

$$\Delta G = \Delta G° - RT\ln\frac{[C]^c[D]^d}{[A]^a[B]^b} \tag{11-3}$$

$$E = E° - \frac{RT}{nF}\ln\frac{[C]^c[D]^d}{[A]^a[B]^b} \tag{11-4}$$

平衡のとき
$$E° = \frac{RT}{nF}\ln K \tag{11-5}$$

酸化還元滴定

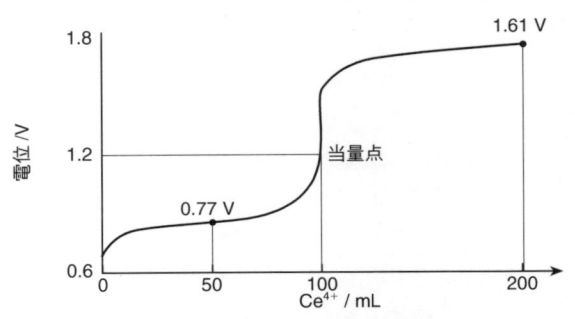

[図：0.1M Fe^{2+} 100 mL を 0.1M Ce^{4+} で滴定したときの電位曲線。横軸 Ce^{4+} / mL、縦軸 電位/V。50 mL で 0.77 V、100 mL が当量点、200 mL で 1.61 V]

0.1M Fe^{2+} 100 mL を 0.1M Ce^{4+} で滴定

$$Fe^{2+} + Ce^{4+} \rightleftharpoons Fe^{3+} + Ce^{3+}$$

図 11-4

12章 酸と塩基

　物質の基本的な性質の一つに酸性と塩基性がある．酸性物質には酢，レモン，梅干しなどがあり，塩基性物質にはセッケン，消石灰，灰汁などがある．酸性物質は水に溶けると水素イオン H^+ を発生するものであり，塩基性物質は水に溶けると水酸化物イオン OH^- を発生するものと考えられるが，実はそんなに単純ではない．
　ここでは，酸と塩基について見て行くことにしよう．

第1節　定　義

　酸は水に溶けて H^+ を出し，塩基は水に溶けて OH^- を出すといった．では水に溶けないものは酸や塩基にはなれないのか．あるいは，H^+ や OH^- を出さなければ酸や塩基とは認められないのか．という問題が発生する．化学の研究対象が広がるにつれて，酸塩基の対象も広がった．そのため，酸塩基の定義も一様ではなくなった．

1 アレニウスの定義

　スウェーデンの化学者アレニウスが 1884 年に提唱した定義であり，最も古典的なものである．それによると，**酸とは反応 1 のように水溶液中で水素イオン H^+ を放出するものであり，塩基とは反応 4 のように水溶液中で水酸化物イオン OH^- を放出するものである**．

　酸には，自分の中にすでに存在する H^+ を放出するもの（反応 2）もあれば，水と反応して H^+ を放出するもの（反応 3）もある．塩基についても同様であり，自分の中にある OH^- を放出するもの（反応 5）と水と反応することによって OH^- を放出するものとがある．いずれにしろ，水溶液中での定義であり，水に溶けるものであることが酸塩基の前提となる．

　反応 5 のように，**自分の中に OH^- を持ち，水に溶けて OH^- を放出する物質をアルカリ，その性質をアルカリ性という**．したがって，アルカリ性は塩基性の特殊な形と見ることができる．

酸と塩基

アレニウスの定義

酸：水溶液中で H^+ を出すもの

$$HA \rightleftharpoons H^+ + A^- \quad (反応1)$$

$$HCl \rightleftharpoons H^+ + Cl^- \quad (反応2)$$

$$CO_2 + H_2O \rightleftharpoons H^+ + HCO_3^- \quad (反応3)$$

塩基：水溶液中で OH^- を出すもの

$$BOH \rightleftharpoons B^+ + OH^- \quad (反応4)$$

$$NaOH \rightleftharpoons Na^+ + OH^- \quad (反応5)$$

$$NH_3 + H_2O \rightleftharpoons NH_4^+ + OH^- \quad (反応6)$$

2 ブレンステッド・ローリーの定義

デンマークの化学者ブレンステッドとイギリスの化学者ローリーによって1923年に提出された定義である．この定義の特色は水素イオン H^+ だけを使って定義していることである．定義によれば，**酸は H^+ を放出するものであり，塩基は H^+ を受け取るものである**，ということになる．

反応 7 を左辺から右辺へ進むと，HA は H^+ を放出しているから酸である．反対に右辺から左辺へ戻ってみよう．A^- は H^+ を受け取っているから塩基ということになる．A^- は HA から発生したので HA の**共役塩基**という．まったく同様に HA は A^- の**共役酸**ということになる．

反応 8 は酸 HA と塩基 B の反応である．両者の間で H^+ を授受して共役酸塩基を生じている．

反応 9 では HCl が H^+ を出し，それを H_2O が受け取っているから HCl は酸であり，H_2O は塩基である．ところが反応 10 では NH_3 は H_2O から H^+ を受け取って NH_4^+ になっている．すなわち H_2O は酸として働いている．このように，ブレンステッド・ローリーの定義に従うと水は酸としても塩基としても働くことになる．

3 ルイスの定義

アメリカの化学者ルイスが提唱した定義であり，非共有電子対を基にした定義である．すなわち，**酸とは非共有電子対を受け取るものであり，塩基とは非共有電子対を供給するものである**．

具体的には反応 11 に示したとおりである．酸とは空軌道を持つものであり，塩基は非共有電子対を持つものである．反応 11 は先に第 5 章第 6 節で見た図 5-24 と本質的に同じものである．すなわち，反応 11 は A と B の間で配位結合が生成する図である．

反応 12 では BH_3 が酸，NH_3 が塩基として定義されているがこれはまさしく分子間配位結合生成のようすである．このようにルイスの定義は配位結合生成を基にした定義であり，これによると，錯体の反応は酸塩基反応として分類されることになる．反応 13 はその例で，Fe^{2+} と CN^- から錯体が生成している．反応 14 でわかるように水は非共有電子対を持っているので塩基ということになる．

ブレンステッド・ローリーの定義

酸：H^+ を放出するもの
塩基：H^+ を受け取るもの

$$HA \rightleftharpoons H^+ + A^- \quad \text{(反応 7)}$$
酸 （A^- の共役酸） ／ 塩基 （HA の共役塩基）
共役酸塩基

$$HA + B \rightleftharpoons A^- + \overset{+}{B}H \quad \text{(反応 8)}$$
酸　塩基　　　　塩基　酸
共役

$$HCl + H_2O \rightleftharpoons H_3O^+ + Cl^- \quad \text{(反応 9)}$$
酸　塩基　　　　　酸　　塩基

$$H_2O + NH_3 \rightleftharpoons HO^- + NH_4^+ \quad \text{(反応 10)}$$
酸　塩基　　　　塩基　酸

ルイスの定義

酸：非共有電子対を受け取るもの
塩基：非共有電子対を供給できるもの

$$A\ (\text{空軌道}) + B\ (\text{非共有電子対}) \longrightarrow A{-}B \quad \text{(反応 11)}$$
酸　　　　　塩基　　　　　配位化合物

$$H_3B + :NH_3 \longrightarrow H_3B{-}NH_3 \quad \text{(反応 12)}$$
酸　　塩基

$$Fe^{2+} + 6CN^- \longrightarrow [Fe(CN)_6]^{4-} \quad \text{(反応 13)}$$
酸　　塩基　　　　　錯体

$$H^+ + :OH_2 \longrightarrow H_3O^+ \quad \text{(反応 14)}$$
酸　　塩基

第2節 HSAB 理論

HSAB 理論とは Hard and Soft Acids and Bases の頭文字をとった理論であり，酸，塩基を硬いものと軟らかいものに分けて考える．

1 相 性

基本的に酸と塩基は反応するが，反応しやすいものとしにくいものがある．これは相性であり，ある酸 A はある塩基 B とは反応しやすいが別の塩基 C とは反応しにくい，というものである．これは酸 A の反応性が乏しいのとはわけが違う．

このような現象を説明するのに提出されたのが HSAB 理論である．図 12-1 に示したようにこの理論は**酸，塩基をそれぞれ硬いものと軟らかいものに分け，硬い酸と硬い塩基，および軟らかい酸と軟らかい塩基は相性がよくて反応しやすいが，硬いものと軟らかいものは相性が悪くて反応しにくいとする**．

2 種 類

どのようなものが硬くて，どのようなものが軟らかいと分類されるのか，若干の例を表 12-1 に示した．酸にしろ塩基にしろ，硬いものは周期表の上部（第2，第3周期）のものが多く，軟らかいものは下のものが多いことに気づく．

3 硬さ・軟らかさ

どういう性質が硬いと判断され，どういう性質が軟らかいことになるのかの判断基準を表 12-2 に示した．基本的な基準は，酸塩基の原子あるいは分子の電子雲の分極のしやすさにある．硬い電子雲は変形しにくいので分極しにくく，反対に軟らかい電子雲は変形しやすくて分極しやすい．その意味で硬い，軟らかいという言葉はまことにふさわしい．

表 12-2 はしたがって，どのような電子雲が変形しやすいかを表すものであり，その見地から見ると理解しやすい．まず**大きい電子雲は変形しやすいから軟らかい．そのため，イオン半径の小さいイオン（周期表の上部）は硬くなる．電子雲を大きくするためには電子数を多くすればよい．そのためには正電荷は小さくなければならないし，負電荷は大きいほうが電子数が増えるというわけ**である．

相性

```
硬い酸  ⇔  硬い塩基
  ╲  ╱
  ╱  ╲
軟らかい酸 ⇔ 軟らかい塩基
```

図 12-1

種類

酸	硬い	H^+, BF_3, Mg^{2+}, Ca^{2+}, $AlCl_3$, SO_3
	中間	SO_2, $B(CH_3)_3$, 2価遷移金属イオン
	軟らかい	Cu^+, Cu^{2+}, BH_3, I_2
塩基	硬い	F^-, $R-NH_2$, O^{2-}, CO_3^{2-}, SO_4^{2-}, H_2O
	中間	NO_2, Br^-, アニリン, ピリジン
	軟らかい	H^-, I^-, R_2S, S^{2-}, CN^-, CO, $S_2O_3^{2-}$

表 12-1

硬さ・軟らかさ

	イオン半径	正電荷数	負電荷数
硬い	小	大	小
軟らかい	大	小	大
理由	電子雲の変形による分極のしやすさ		

表 12-2

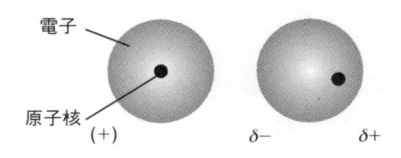

電子
原子核
(+) $\delta-$ $\delta+$

図 12-2

第3節 水素イオン指数

酸溶液の酸性の強弱を表すには水素イオンの濃度を用いると便利である。この濃度を対数値で表したものを水素イオン指数 pH（ピー・エッチ）という。

1 酸解離定数

反応 15 は酸 HA が解離してヒドロニウムイオン H_3O^+ と共役塩基 A^- になるものである。この反応の平衡定数 K（式 (12-1)）に水の濃度を掛けた値 K_a を酸解離定数という（式 (12-2)）。式 (12-3) のように、酸解離定数 K_a の対数 $\log K_a$ にマイナスを付けたものを pK_a と表示し、pK_a で酸解離定数を表すことも多い。

酸解離定数は酸の解離の程度を表すものであり、定数 K_a の大きいものは解離しやすい酸、すなわち強酸であり、小さいものは解離しにくい酸すなわち弱酸である。

図 12-3 に若干の酸の pK_a を示した。強酸の塩酸 HCl は $pK_a = -7$ であり、弱酸の酢酸 CH_3CO_2H は 4.8 である。

2 水素イオン指数

溶液中の水素イオンの濃度を表すのに水素イオン指数 pH を用いることが多い。pH の定義は式 (12-4) であり、水素イオン濃度の対数にマイナスを付けたものである。pH が大きいと水素イオン濃度は小さく、pH が小さいと水素イオン濃度は高いことになる。

水中の水素イオン濃度 $[H^+]$ と水酸化物イオン濃度 $[OH^-]$ の積は水のイオン積 K_W と呼ばれ 1.0×10^{-14} である（式 (12-5)）。中性では $[H^+]$ と $[OH^-]$ は等しいから（式 (12-6)）、中性の pH は 7 である（式 (12-7)）。pH が 7 より小さい状態を酸性、7 より大きい状態を塩基性という。強酸性になるほど pH の数値は小さくなる。

図 12-4 に示したように、5 % 硫酸の pH がほぼ 0（OH^- は検出されない状態）であり、水酸化ナトリウムの 4 % 水溶液の pH がほぼ 14（H^+ が検出されない状態）である。身の回りのものの pH を示した。レモンは酸性で 1.2、セッケン液は塩基性で 10.5 である。生物体は中性に近く、牛乳で 6.5、血液で 7.5 である。

酸解離定数

$$HA + H_2O \rightleftharpoons H_3O^+ + A^-$$ (反応15)

$$K = \frac{[H_3O^+][A^-]}{[HA][H_2O]} \quad (12\text{-}1)$$

$$K_a = K[H_2O] = \frac{[H_3O^+][A^-]}{[HA]} \quad (12\text{-}2)$$

$$pK_a = -\log K_a \quad (12\text{-}3)$$

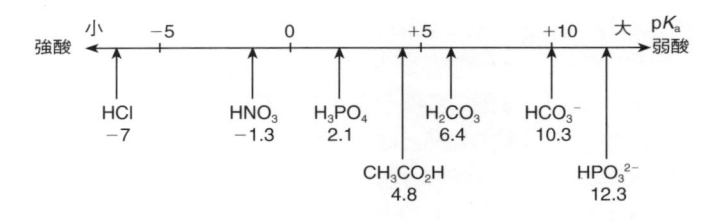

強酸 小 −5　　0　　+5　　+10 大 pK_a 弱酸

- HCl −7
- HNO_3 −1.3
- H_3PO_4 2.1
- CH_3CO_2H 4.8
- H_2CO_3 6.4
- HCO_3^- 10.3
- HPO_3^{2-} 12.3

図 12-3

水素イオン指数

$$pH = \log\frac{1}{[H^+]} = -\log[H^+] \quad (12\text{-}4)$$

$$K_w = [H^+][OH^-] = 1.0 \times 10^{-14} \quad (12\text{-}5)$$

$$\text{中性では}[H^+] = [OH^-] = 1.0 \times 10^{-7} \quad (12\text{-}6)$$

$$pH = -\log 10^{-7} = 7 \quad (12\text{-}7)$$

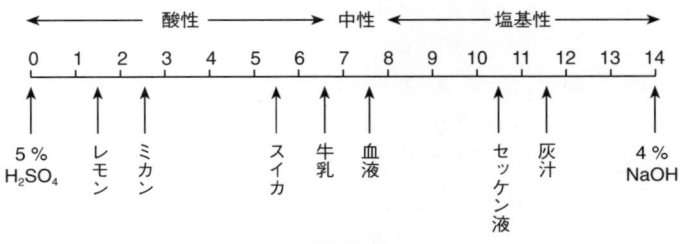

酸性 ← → 中性 ← → 塩基性

0　1　2　3　4　5　6　7　8　9　10　11　12　13　14

- 0: 5% H_2SO_4
- 2: レモン
- 3: ミカン
- 5: スイカ
- 6: 牛乳
- 7: 血液
- 10: セッケン液
- 11: 灰汁
- 13: 4% NaOH

図 12-4

第4節 酸，塩基の種類

若干の酸と塩基の名称，反応などを表 12-3 にまとめた．

1 強酸と弱酸

pK_a が小さい酸は解離して H^+ を放出しやすい酸であり，強酸と呼ばれる．一方，pK_a の大きい酸は H^+ を放出する能力が弱いので弱酸と呼ばれる．塩酸 HCl は pK_a が -7 で強酸である．硝酸 HNO_3（$pK_a = -1.32$）や硫酸 H_2SO_4（1.99）も強酸である．一方酢酸 CH_3CO_2H（4.76）や炭酸（6.37）は弱酸である．このように pK_a は酸の強弱を表す指数である．

水素イオン指数 pH は酸の強弱とは関係なく，溶液中の H^+ の濃度を表すだけである． 塩酸溶液でも濃度が薄ければ酸性度は低く（pH 値が 7 に近い），酢酸溶液でも酢酸の濃度が高ければ酸性度は高く（pH 値が 1 に近い）なる．

2 多塩基酸

硫酸 H_2SO_4 は水素イオンとして解離できる水素を 2 個持っている．このような酸を二塩基酸という．リン酸 H_3PO_4 は三塩基酸であり，3 段階で解離する．それぞれの段階で酸解離定数を定義することができ，各々表に示したとおりである．第 1 段の解離は強酸にふさわしいものである．第 2 段は弱酸程度であり，第 3 段はごく弱い酸となっている．

3 塩 基

塩基の強さを表す数値に塩基解離定数 K_b があり，pK_a と同様に pK_b が小さいほど強塩基であることを表す．しかし，実際には pK_a で塩基の強弱を表すことも多い．これは塩基の共役酸の pK_a を表したものである．

アニリン **A** で説明すると，**A** は H^+ を受け取って共役酸 **B** となる．表は **B** の pK_a が 4.60 であることを示す．**B** が強酸なら **B** は H^+ を放出して **A** に戻りやすいことを意味する．すなわち **A** は塩基としては弱いことになる．

塩基の強弱を pK_a で表した場合には強酸（pK_a が小さい）であれば弱塩基であることを意味する．表のアニリン **A** とピリジン **C** を比較したら **C** のピリジンが強塩基ということになる．

酸，塩基の種類

	名称	化学式	構造式	反応	pK_a
酸	塩酸	HCl	H–Cl	HCl ⟶ H$^+$ + Cl$^-$	−7
	硝酸	HNO$_3$	H–O–NO$_2$	HNO$_3$ ⟶ H$^+$ + NO$_3^-$ 酸化作用 NO$_3^-$ + 2H$^+$ + e$^-$ ⟶ NO$_2$ + H$_2$O	−1.32
	硫酸	H$_2$SO$_4$	(HO)$_2$SO$_2$	H$_2$SO$_4$ ⟶ H$^+$ + HSO$_4^-$ HSO$_4^-$ ⟶ H$^+$ + SO$_4^{2-}$ 酸化作用 SO$_4^{2-}$ + 4H$^+$ + 2e$^-$ ⟶ SO$_2$ + 2H$_2$O	— 1.99
	亜硫酸	H$_2$SO$_3$	(HO)$_2$S=O	H$_2$SO$_3$ ⟶ H$^+$ + HSO$_3^-$ HSO$_3^-$ ⟶ SO$_3^{2-}$	
	リン酸	H$_3$PO$_4$	(HO)$_3$P=O	H$_3$PO$_4$ ⟶ H$^+$ + H$_2$PO$_4^-$ H$_2$PO$_4^-$ ⟶ H$^+$ + HPO$_4^{2-}$ HPO$_4^{2-}$ ⟶ H$^+$ + PO$_4^{3-}$	2.12 7.21 12.32
	酢酸	CH$_3$CO$_2$H	CH$_3$–C(=O)–O–H	CH$_3$CO$_2$H ⟶ H$^+$ + CH$_3$CO$_2^-$	4.76
	シュウ酸	H$_2$C$_2$O$_4$	(HO–C(=O)–)$_2$	H$_2$C$_2$O$_4$ ⟶ H$^+$ + HC$_2$O$_4^-$ HC$_2$O$_4^-$ ⟶ H$^+$ + C$_2$O$_4^{2-}$	
	炭酸	H$_2$CO$_3$	O=C(O–H)$_2$	H$_2$CO$_3$ ⟶ H$^+$ + HCO$_3^-$ HCO$_3^-$ ⟶ H$^+$ + CO$_3^{2-}$	6.37 10.3
塩基	アニリン **A**	C$_6$H$_5$NH$_2$	C$_6$H$_5$–NH$_2$ **A**	C$_6$H$_5$–NH$_2$ + H$^+$ ⟶ C$_6$H$_5$–NH$_3^+$ **A** **B**	4.60
	ピリジン **B**	C$_5$H$_5$N	C$_5$H$_5$N **C**	C$_5$H$_5$N + H$^+$ ⟶ C$_5$H$_5$NH$^+$ **C** **D**	5.22

表 12-3

第5節 酸性酸化物と塩基性酸化物

酸化物には酸性酸化物，塩基性酸化物，両性酸化物の3種がある．

1 酸化物の種類

三酸化硫黄 SO_3 を水に溶かすと硫酸となる（反応16）．このように，**水に溶けると酸になる酸化物を酸性酸化物という**．酸化ナトリウム Na_2O は水に溶けると強塩基の水酸化ナトリウムになる（反応17）．このように**水に溶けると塩基になる酸化物を塩基性酸化物という**．

酸化アルミニウム Al_2O_3 は塩酸と反応すると塩基として働き，塩化アルミニウム $AlCl_3$ を与える（反応18）．一方水酸化ナトリウムとは酸として働き，アルミン酸ナトリウム $NaAlO_2$ を与える（反応19）．このように**酸とも塩基ともなる酸化物を両性酸化物という**．

2 酸化物の分類

酸化物が酸性酸化物か，それとも塩基性酸化物かの目安を周期表に従って示した．周期表の右上，非金属元素が酸性酸化物を与え，左下，金属元素が塩基性酸化物を与え，その中間が両性酸化物を与える傾向にあることがわかる．

3 電気陰性度

上に見た傾向は電気陰性度の傾向と一致する．すなわち**電気陰性度の大きい元素（陰性，右上）が酸性酸化物を，そして電気陰性度の小さい元素（陽性，左下）が塩基性酸化物を与える**．この関係を表したのが図12-6である．

NaOH の Na は電気陰性度が小さい（0.9）．そのため，電気陰性度の大きい酸素 O（3.4）との結合はイオン的なものとなり，OH^- イオンを発生しやすくなるので塩基性となる．H_2SO_4 中には2本の S-O-H 結合がある．S の電気陰性度（2.6）は酸素と近いので S−O 結合は共有結合になる．そのため S−O 結合は切れにくくなり，O−H 結合が切断されて H^+ を発生するので酸性となる．

陽性の金属原子も陽電荷数が高くなると電子を奪い返す傾向が出て陰性となる．そのため普通なら塩基性酸化物を与える金属元素の酸化物でも，CrO_3 のように陽電荷（+6）が高くなると酸性酸化物となる．

酸化物の種類

酸性酸化物：水に溶けて酸になる

$$SO_3 + H_2O \longrightarrow H_2SO_4 \qquad \text{(反応 16)}$$

塩基性酸化物：水に溶けて塩基になる

$$Na_2O + H_2O \longrightarrow 2NaOH \qquad \text{(反応 17)}$$

両性酸化物：水に溶けないが，酸，塩基の双方に溶ける

$$Al_2O_3 + 6HCl \longrightarrow 2AlCl_3 + 3H_2O \qquad \text{(反応 18)}$$

$$Al_2O_3 + 2NaOH \longrightarrow 2NaAlO_2 + H_2O \qquad \text{(反応 19)}$$

酸化物の分類

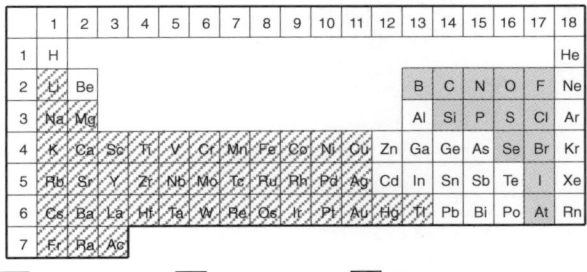

図 12-5

塩基性酸化物，　酸性酸化物，　両性酸化物

電気陰性度

Na—O—H

$\delta+ \qquad \delta-$
Na—(O—H)
陽性

$O_2S\diagdown\substack{O-H \\ O-H}$

$(O_2S\diagdown\substack{O-H \\ O^{\delta-}})H^{\delta+}$
陰性

図 12-6

第6節 塩

酸と塩基が反応したとき，水とともに生じる化合物を塩という．

1 中 和

　反応 20 のように，酸である塩酸と塩基である水酸化ナトリウムとを反応すると水とともに食塩を生じる．

　このような**酸と塩基との反応を中和（反応）という**．中和はきわめて迅速に進行する反応である．このとき水とともに生じた化合物（この反応では食塩）を一般に**塩**（えん）という．

　二価の酸，硫酸と水酸化ナトリウムとを分子数の比 1：1 で反応させると塩，$NaHSO_4$ を生じる（反応 21）．この塩には酸性水素原子が 1 個残っている．このような塩を**酸性塩**という．$NaHSO_4$ にさらに NaOH を作用させると Na_2SO_4 を生じる（反応 22）．これを**正塩**という．多価の塩基の中和でも同じ現象が起き，水酸化カルシウムの塩には**塩基性塩**（反応 23）と正塩（反応 24）がある．

2 塩の性質

　反応 25 の酢酸ナトリウム CH_3CO_2Na は酢酸と水酸化ナトリウムからできた塩である．これを水に溶かすと加水分解して元の酢酸と水酸化ナトリウムになる．酢酸は弱酸なので解離しないが水酸化ナトリウムは強塩基なのでさらに解離して OH^- を放出する．そのため酢酸ナトリウムは塩基性である．

　このように，**強塩基と弱酸からできた塩は塩基性である**．

　反応 27 の塩化アンモニウム NH_4Cl は強酸である塩酸と弱塩基であるアンモニアとの中和でできた塩である．これが加水分解されて元の塩酸とアンモニアに戻ると強酸の塩酸だけが解離して H^+ を放出する．このように**強酸と弱塩基からできた塩は酸性である**．

　表 12-4 に各種の塩の性質をまとめた．

中 和

酸と塩基が反応して塩を生じる

$HCl + NaOH \longrightarrow NaCl + H_2O$ (反応 20)
酸　　塩基　　　　　　塩

$\begin{cases} H_2SO_4 + NaOH \longrightarrow NaHSO_4 + H_2O \\ \qquad\qquad\qquad\qquad\quad\text{酸性塩} \\ NaHSO_4 + NaOH \longrightarrow Na_2SO_4 + H_2O \\ \qquad\qquad\qquad\qquad\quad\text{正塩} \end{cases}$ 　(反応 21)

(反応 22)

$\begin{cases} HCl + Ca(OH)_2 \longrightarrow CaCl(OH) + H_2O \\ \qquad\qquad\qquad\qquad\quad\text{塩基性塩} \\ HCl + CaCl(OH) \longrightarrow CaCl_2 + H_2O \\ \qquad\qquad\qquad\qquad\quad\text{正塩} \end{cases}$ 　(反応 23)

(反応 24)

塩の性質

$CH_3CO_2Na + H_2O \longrightarrow CH_3CO_2H + NaOH$ (反応 25)
$\qquad\qquad\qquad\qquad\qquad\qquad \uparrow\downarrow$
$\qquad\qquad\qquad\qquad\qquad Na^+ + OH^-\ \text{塩基性}$ (反応 26)

$NH_4Cl + H_2O \longrightarrow NH_4OH + HCl$ (反応 27)
$\qquad\qquad\qquad\qquad\qquad \uparrow\downarrow$
$\qquad\qquad\qquad\qquad\qquad H^+ + Cl^-\ \text{酸性}$ (反応 28)

正塩		酸性塩		塩基性塩	
化学式	性質	化学式	性質	化学式	性質
NaCl	中性	$NaHCO_3$	塩基性	$CaCl(OH)$	塩基性
$NaNO_3$	中性	NaH_2PO_4	塩基性	$MgCl(OH)$	酸性
Na_3PO_4	塩基性	$NaHSO_4$	酸性		
$CaCl_2$	酸性				

表 12-4

索　　引

欧文索引

α 崩壊　6
β 崩壊　6
δ 結合　72, 74
d 軌道　14
d ブロック遷移元素　20, 54
Eigen 機構　150
f 軌道　14
f ブロック遷移元素　20, 54
HSAB　172
π 結合　72, 74

p 軌道　14
S_N1 反応　138
S_N2 反応　138
σ 結合　72
s 軌道　14
sp 混成軌道　76
sp^2 混成軌道　78
sp^3 混成軌道　80
sp^3d 混成軌道　98
sp^3d^2 混成軌道　98

和文索引

ア

亜鉛　40
アマルガム　40
アルカリ金属　36
アルカリ土類金属　38
アルミニウム　42
アレニウスの定義　168
硫黄　48
イオン　70
イオン化　34
イオン化エネルギー　26
イオン化傾向　162
イオン結晶　70, 106
イオン積
　水の——　174
液晶　102
エチレンジアミン四酢酸　148
エネルギー分裂　124
塩　180
塩基　168
塩基性塩　180
塩基性酸化物　48, 178

オクテット則　58

カ

外軌道型　120, 136
外圏型酸化還元反応　152
化学メッキ　40
拡散律速反応　150
核分裂　6
核融合　6
硬い　172
活性化エネルギー　140
活性水素　110
カドミウム　40
還元　158
キセノン　52
起電力　164
軌道エネルギー　10, 84
軌道関数　84
求核攻撃　138
吸収スペクトル　130
吸着　110
強磁性　114
共有結合　72

共有結合性結晶　106
共有結合半径　32
金属結合　88
金属結晶　108
空軌道　78
クーロン力　70
ケイ素　44
結合異性　154
結合エネルギー　30
結合性軌道　84
結晶場理論　122
原子価　56
原子核　2
原子核反応　6
原子軌道　84
原子番号　2
元素記号　4
減速剤　8
光化学スモッグ　46
光学異性　154
高スピン型　136

サ

最外殻　16
錯体　116
酸　168
酸化　158
酸解離定数　174
酸化還元滴定　166
酸化状態　156
酸化数　156
三重結合　82
酸性塩　180
酸性酸化物　48, 178
酸素　48
三態　102
三中心二電子結合　62, 100
三中心四電子結合　62
磁気モーメント　114
磁性　114

質量数　2
周期表　24
自由電子　88
18 電子則　60
縮重　10
常磁性　114
触媒　110
水銀　40
水素　36
水素イオン指数　174
水素吸蔵金属　80
水和電子　152
スピン異性化　154
スピンクロスオーバー反応　154
正塩　180
制御棒　8
遷移元素　116
遷移状態　140
速度定数　140

タ

ダイオード　44
多塩基酸　176
多重結合　82
脱着　110
単位格子　104
炭素　44
置換反応　138
窒素　46
中性子　2
中和　180
超原子価　66
超伝導　112
低スピン型　136
電気陰性度　28
典型元素　22
電子　2
電子親和力　28, 162
電子対反発則　62
電子配置　16

伝導性　88
同位体　4
トランジスター　44

ナ

内軌道型　120, 136
内圏型酸化還元反応　152
内部遷移元素　20
二重結合　82
ネルンストの式　166
燃料棒　8

ハ

配位結合　88
配位π結合　100
ハロゲン　50
反結合性軌道　84
光吸収　130
非局在π結合　94
ヒドロニウムイオン　150
標準電極電位　164
不飽和性　70
フレオン　50
ブレンステッド・ローリーの定義　170
プロトンジャンプ機構　150

分光化学系列　126
分子軌道法　84
閉殻構造　16
ヘリウム　52
放射性元素　38
放射能　38
ホウ素　42
補色　130

マ, ヤ

無方向性　70
メタンハイドレート　116
軟らかい　172
陽子　2

ラ

律速段階　138
量子化　10
量子数　10
両性酸化物　48
リン　46
臨界温度　112
ルイスの定義　170
励起状態　132

著者紹介

齋藤　勝裕（さいとう　かつひろ）　理学博士（分担章 1〜3, 5〜9, 12章）
　1974年　東北大学大学院理学研究科博士課程修了
　現　在　名古屋工業大学名誉教授，愛知学院大学客員教授
　専　門　有機化学，物理化学，光化学

渡會　仁（わたらい　ひとし）　理学博士（分担章 4, 10, 11章）
　1971年　東北大学大学院理学研究科修士課程修了
　現　在　大阪大学名誉教授
　専　門　分析化学，分離化学

NDC435　　190p　　21cm

絶対（ぜったい）わかる化学（かがく）シリーズ

絶対（ぜったい）わかる無機化学（むきかがく）

2003年11月10日　第1刷発行
2015年7月1日　第8刷発行

著　者　齋藤　勝裕・渡會　仁
発行者　鈴木　哲
発行所　株式会社　講談社
　　　　〒112-8001　東京都文京区音羽2-12-21
　　　　　　販売　(03) 5395-4415
　　　　　　業務　(03) 5395-3615
編　集　株式会社　講談社サイエンティフィク
　　　　代表　矢吹俊吉
　　　　〒162-0825　東京都新宿区神楽坂2-14　ノービィビル
　　　　　　編集　(03) 3235-3701
印刷所　株式会社平河工業社
製本所　株式会社国宝社

落丁本・乱丁本は，購入書店名を明記のうえ，講談社業務宛にお送り下さい．送料小社負担にてお取替えします．なお，この本の内容についてのお問い合わせは，講談社サイエンティフィク宛にお願いいたします．定価はカバーに表示してあります．

© Katsuhiro Saito and Hitoshi Watarai, 2003

本書のコピー，スキャン，デジタル化等の無断複製は著作権法上での例外を除き禁じられています．本書を代行業者等の第三者に依頼してスキャンやデジタル化することはたとえ個人や家庭内の利用でも著作権法違反です．

JCOPY　〈(社)出版者著作権管理機構　委託出版物〉

複写される場合は，その都度事前に(社)出版者著作権管理機構（電話 03-3513-6969, FAX 03-3513-6979, e-mail: info@jcopy.or.jp）の許諾を得て下さい．

Printed in Japan

ISBN4-06-155054-3

講談社の自然科学書

わかりやすく おもしろく 読みやすい

絶対わかる化学シリーズ

絶対わかる 高分子化学
齋藤 勝裕／山下 啓司・著
A5・190頁・本体2,400円

絶対わかる 有機化学の基礎知識
齋藤 勝裕・著
A5・222頁・本体2,400円

絶対わかる 化学結合
齋藤 勝裕・著
A5・190頁・本体2,400円

絶対わかる 有機化学
齋藤 勝裕・著
A5・206頁・本体2,400円

絶対わかる 無機化学
齋藤 勝裕／渡會 仁・著
A5・190頁・本体2,400円

絶対わかる 物理化学
齋藤 勝裕・著
A5・190頁・本体2,400円

絶対わかる 化学の基礎知識
齋藤 勝裕・著
A5・222頁・本体2,400円

絶対わかる 量子化学
齋藤 勝裕・著
A5・190頁・本体2,400円

絶対わかる 分析化学
齋藤 勝裕／坂本 英文・著
A5・190頁・本体2,400円

絶対わかる 生命化学
齋藤 勝裕／下村 吉治・著
A5・190頁・本体2,400円

絶対わかる 電気化学
齋藤 勝裕・著
A5・190頁・本体2,800円

絶対わかる 化学熱力学
齋藤 勝裕／浜井 三洋・著
A5・190頁・本体2,400円

※表示価格は本体価格（税別）です。消費税が別に加算されます。

「2015年6月現在」

講談社サイエンティフィク　http://www.kspub.co.jp/